Alexandre Sarre

Physiopathologie du cœur embryonnaire soumis à l'anoxie-réoxygénation

Alexandre Sarre

Physiopathologie du cœur embryonnaire soumis à l'anoxie-réoxygénation

Rôle protecteur du NO et des canaux KATP

Presses Académiques Francophones

Impressum / Mentions légales
Bibliografische Information der Deutschen Nationalbibliothek: Die Deutsche Nationalbibliothek verzeichnet diese Publikation in der Deutschen Nationalbibliografie; detaillierte bibliografische Daten sind im Internet über http://dnb.d-nb.de abrufbar.
Alle in diesem Buch genannten Marken und Produktnamen unterliegen warenzeichen-, marken- oder patentrechtlichem Schutz bzw. sind Warenzeichen oder eingetragene Warenzeichen der jeweiligen Inhaber. Die Wiedergabe von Marken, Produktnamen, Gebrauchsnamen, Handelsnamen, Warenbezeichnungen u.s.w. in diesem Werk berechtigt auch ohne besondere Kennzeichnung nicht zu der Annahme, dass solche Namen im Sinne der Warenzeichen- und Markenschutzgesetzgebung als frei zu betrachten wären und daher von jedermann benutzt werden dürften.

Information bibliographique publiée par la Deutsche Nationalbibliothek: La Deutsche Nationalbibliothek inscrit cette publication à la Deutsche Nationalbibliografie; des données bibliographiques détaillées sont disponibles sur internet à l'adresse http://dnb.d-nb.de.
Toutes marques et noms de produits mentionnés dans ce livre demeurent sous la protection des marques, des marques déposées et des brevets, et sont des marques ou des marques déposées de leurs détenteurs respectifs. L'utilisation des marques, noms de produits, noms communs, noms commerciaux, descriptions de produits, etc, même sans qu'ils soient mentionnés de façon particulière dans ce livre ne signifie en aucune façon que ces noms peuvent être utilisés sans restriction à l'égard de la législation pour la protection des marques et des marques déposées et pourraient donc être utilisés par quiconque.

Coverbild / Photo de couverture: www.ingimage.com

Verlag / Editeur:
Presses Académiques Francophones
ist ein Imprint der / est une marque déposée de
OmniScriptum GmbH & Co. KG
Heinrich-Böcking-Str. 6-8, 66121 Saarbrücken, Deutschland / Allemagne
Email: info@presses-academiques.com

Herstellung: siehe letzte Seite /
Impression: voir la dernière page
ISBN: 978-3-8416-2820-6

Copyright / Droit d'auteur © 2013 OmniScriptum GmbH & Co. KG
Alle Rechte vorbehalten. / Tous droits réservés. Saarbrücken 2013

UNIL | Université de Lausanne
Faculté de biologie
et de médecine

Département de Physiologie

Physiopathologie du cœur embryonnaire soumis à l'anoxie-réoxygénation : Rôle protecteur du NO et des canaux K_{ATP}

THÈSE DE DOCTORAT ES SCIENCES DE LA VIE (PhD)

présentée à la

Faculté de Biologie et de Médecine de l'Université de Lausanne

Par

Alexandre Sarre

Diplômé en Pharmacologie et Pharmacochimie
Université Louis Pasteur, Strasbourg, France

Jury

Prof. Pierre Goloubinoff, Rapporteur
PD, Dr. Eric Raddatz PhD, Directeur de thèse
Prof. Luc Rochette, Expert
Prof. Maurice Beghetti, Expert

LAUSANNE
2006

UNIL | Université de Lausanne
Faculté de biologie
et de médecine

Département de Physiologie

Physiopathologie du cœur embryonnaire soumis à l'anoxie-réoxygénation : Rôle protecteur du NO et des canaux K_{ATP}

THÈSE DE DOCTORAT ES SCIENCES DE LA VIE (PhD)

présentée à la

Faculté de Biologie et de Médecine de l'Université de Lausanne

Par

Alexandre Sarre

Diplômé en Pharmacologie et Pharmacochimie
Université Louis Pasteur, Strasbourg, France

Jury

Prof. Pierre Goloubinoff, Rapporteur
PD, Dr. Eric Raddatz PhD, Directeur de thèse
Prof. Luc Rochette, Expert
Prof. Maurice Beghetti, Expert

LAUSANNE
2006

Ecole Doctorale

UNIL | Université de Lausanne
Faculté de biologie
et de médecine

Imprimatur

Vu le rapport présenté par le jury d'examen, composé de

Président	Monsieur Prof.	Pierre **Goloubinoff**
Directeur de thèse	Monsieur Dr	Eric **Raddatz**
Rapporteur	Madame Prof.	Pierre **Goloubinoff**
Experts	Monsieur Prof.	Luc **Rochette**
	Monsieur Dr	Maurice **Beghetti**

le Conseil de Faculté autorise l'impression de la thèse de

Monsieur Alexandre Sarre

Titulaire d'un DEA en pharmacologie de l'Université de Strasbourg

intitulée

Physiopathologie du coeur embryonnaire soumis à l'anoxie-réoxygénation: Rôle Protecteur du NO et des canaux K_{ATP}

Lausanne, le 20 janvier 2006

pour Le Doyen
de la Faculté de Biologie et de Médecine

Prof. Pierre Goloubinoff

Remerciements :

Tout d'abord, je tiens à remercier le Dr Eric Raddatz de m'avoir chaleureusement accueilli dans son laboratoire et du temps qu'il a consacré à ce projet. Je tiens également à le remercier de m'avoir si souvent incité à diffuser mon travail. Ceci m'a permis de rencontrer de nombreux spécialistes durant les multiples congrès et conférences. Enfin je tiens à le remercier d'avoir toujours été si disponible et de m'avoir toujours encouragé dans mon travail.

Je tiens également à remercier le Professeur Luc Rochette et le Professeur Maurice Beghetti d'avoir accepté de juger mon travail. Connaissant leurs compétences scientifiques, je suis heureux de pouvoir bénéficier de leurs critiques.

Je remercie aussi le Professeur Goloubinoff d'avoir accepté de juger mon travail.

Je remercie le Dr. Christophe Bonni de m'avoir si gentiment accueilli dans son laboratoire pour réaliser une partie de ce travail. Je remercie aussi Fabienne et toute l'équipe pour leur disponibilité et leur gentillesse durant les expériences que j'ai effectuées dans leurs locaux.

Merci aussi au Professeur Pavel Kucera de ses conseils avisés durant tout mon travail et de ses encouragements.

Je remercie Norbert Lange de m'avoir permis d'avoir rapidement un système de mesure de fluorescence opérationnel et de sa disponibilité lors de problèmes techniques.

Un sincère merci à Christian Härberli pour ses réparations express et pour le développement si rapide et efficace des amplificateurs qui ont permis ce travail. Son assistance a toujours été très précieuse, et on peut être sûr qu'il a toujours la réponse à notre problème. A condition de ne pas faire partie du problème...

Je souhaite également remercier Michel Jadé et André Singy pour leurs compétences et leur disponibilité. Un merci tout particulier à André pour l'amélioration significative apportée aux électrodes de mesure de l'ECG. Sans elles, ce travail ne se serait probablement pas aussi bien déroulé.

Merci Anne-Catherine Thomas pour son assistance, ses compétences techniques et les nombreuses expériences réalisées au laboratoire.

Je tiens à remercier toutes les personnes de l'institut avec qui j'ai pu discuter et qui ont pu m'apporter leurs conseils précieux.

Un merci tout particulier à John, qui, le temps qu'il a séjourné à Lausanne, m'a permis d'améliorer mon anglais, et m'a aidé pour tous les "th" que l'on peut rencontrer dans la langue de Shakespeare.

Merci à Vincent Schlageter et Michel Demierre de leur amitié et de m'avoir supporté. Je sais que cela n'a pas été facile tous les jours.

Je remercie Stéphany Gardier, qui par sa venue, m'a fait sortir du 4ème et s'est installée dans "mon bureau". Elle m'a apporté son expérience et de précieux conseils pour la rédaction de ce manuscrit.

Enfin, merci à tous mes amis, bien qu'ils soient pour la plupart assez loin, d'être restés mes amis et de toujours être là quand j'en ai besoin. Merci aussi pour tous ces week-end et multiples fêtes que l'on a pu faire ensemble.

Enfin et surtout, je tiens à exprimer toute ma gratitude à Esther et à ma famille d'être là et de m'avoir soutenu, même quand je n'ai pas eu beaucoup de temps à leur consacrer. Je tiens à les remercier pour leur soutien durant toute la rédaction de ce manuscrit.

RESUME

Physiopathologie du cœur embryonnaire soumis à l'anoxie-réoxygénation: Rôle protecteur du NO et des canaux K_{ATP}.

Introduction : Dans le cœur adulte, l'ischémie et la reperfusion entraînent des perturbations électriques, mécaniques, biochimiques et structurales qui peuvent causer des dommages réversibles ou irréversibles selon la sévérité de l'ischémie. Malgré les récents progrès en cardiologie et en chirurgie fœtales, la connaissance des mécanismes impliqués dans la réponse du myocarde embryonnaire à un stress hypoxique transitoire demeure lacunaire. Le but de ce travail a donc été de caractériser les effets chrono-, dromo- et inotropes de l'anoxie et de la réoxygénation sur un modèle de cœur embryonnaire isolé. D'autre part, les effets du monoxyde d'azote (NO) et de la modulation des canaux K_{ATP} mitochondriaux (mitoK_{ATP}) sur la récupération fonctionnelle postanoxique ont été étudiés. La production myocardique de radicaux d'oxygène (ROS) et l'activité de MAP Kinases (ERK et JNK) impliquées dans la signalisation cellulaire ont également été déterminées.

Méthodes : Des cœurs d'embryons de poulet âgés de 4 jours battant spontanément ont été placés dans une chambre de culture puis soumis à une anoxie de 30 min suivie d'une réoxygénation de 60 min. L'activité électrique (ECG), les contractions de l'oreillette, du ventricule et du conotroncus (détectées par photométrie), la production de ROS (mesure de la fluorescence du DCFH) et l'activité kinase de ERK et JNK dans le ventricule ont été déterminées au cours de l'anoxie et de la réoxygénation. Les cœurs ont été traités avec un bloqueur des NO synthases (L-NAME), un donneur de NO (DETA-NONOate), un activateur (diazoxide) ou un inhibiteur (5-HD) des canaux mitoK_{ATP}, un inhibiteur non-spécifique des PKC (chélérythrine) ou un piégeur de ROS (MPG).

Résultats : L'anoxie et la réoxygénation entraînaient des arythmies (essentiellement d'origine auriculaire) semblables à celles observées chez l'adulte, des troubles de la conduction (blocs auriculo-ventriculaires de 1er, 2ème et 3ème degré) et un ralentissement marqué du couplage excitation-contraction (E-C) ventriculaire. En plus de ces arythmies, la réoxygénation déclenchait le phénomène de Wenckebach, de rares échappements ventriculaires et une sidération myocardique. Aucune fibrillation, conduction rétrograde ou activité ectopique n'ont été observées. Le NO exogène améliorait la récupération postanoxique du couplage E-C ventriculaire alors que l'inhibition des NOS la ralentissait. L'activation des canaux $mitoK_{ATP}$ augmentait la production mitochondriale de ROS à la réoxygénation et accélérait la récupération de la conduction (intervalle PR) et du couplage E-C ventriculaire. La protection de ce couplage était abolie par le MPG, la chélérythrine ou le L-NAME. Les fonctions électrique et contractile de tous les coeurs récupéraient après 30-40 min de réoxygénation. L'activité de ERK et de JNK n'était pas modifiée par l'anoxie, mais doublait et quadruplait, respectivement, après 30 min de réoxygénation. Seule l'activité de JNK était diminuée (-60%) par l'activation des canaux $mitoK_{ATP}$. Cet effet inhibiteur était partiellement abolit par le 5-HD.

Conclusion: Dans le cœur immature, le couplage E-C ventriculaire semble être un paramètre particulièrement sensible aux conditions d'oxygénation. Sa récupération postanoxique est améliorée par l'ouverture des canaux $mitoK_{ATP}$ via une signalisation impliquant les ROS, les PKC et le NO. Une réduction de l'activité de JNK semble également participer à cette protection. Nos résultats suggèrent que les mitochondries jouent un rôle central dans la modulation des voies de signalisation cellulaire, en particulier lorsque les conditions métaboliques deviennent défavorables. Le cœur embryonnaire isolé représente donc un modèle expérimental utile pour mieux comprendre les mécanismes associés à une hypoxie in utero et pour améliorer les stratégies thérapeutiques en cardiologie et chirurgie fœtales.

ABSTRACT

Physiopathology of the anoxic-reoxygenated embryonic heart: Protective role of NO and K_{ATP} channel

Aim: In the adult heart, the electrical, mechanical, biochemical and structural disturbances induced by ischemia and reperfusion lead to reversible or irreversible damages depending on the severity and duration of ischemia. In spite of recent advances in fetal cardiology and surgery, little is known regarding the cellular mechanisms involved in hypoxia-induced dysfunction in the developing heart. The aim of this study was to precisely characterize the chrono-, dromo- and inotropic disturbances associated with anoxia-reoxygenation in an embryonic heart model. Furthermore, the roles that nitric oxide (NO), reactive oxygen species (ROS), mitochondrial K_{ATP} (mitoK_{ATP}) channel and MAP Kinases could play in the stressed developing heart have been investigated.

Methods: Embryonic chick hearts (4-day-old) were isolated and submitted *in vitro* to 30 min anoxia followed by 60 min reoxygenation. Electrical (ECG) and contractile activities of atria, ventricle and conotruncus (photometric detection), ROS production (DCFH fluorescence) and ERK and JNK activity were determined in the ventricle throughout anoxia-reoxygenation. Hearts were treated with NO synthase inhibitor (L-NAME), NO donor (DETA-NONOate), mitoK_{ATP} channel opener (diazoxide) or blocker (5-HD), PKC inhibitor (chelerythrine) and ROS scavenger (MPG).

Results: Anoxia and reoxygenation provoked arrhythmias (mainly originating from atrial region), troubles of conduction (1st, 2nd, and 3rd degree atrio-ventricular blocks) and disturbances of excitation-contraction (E-C) coupling. In addition to these types of arrhythmias, reoxygenation triggered Wenckebach phenomenon and rare ventricular escape beats. No fibrillations, no ventricular ectopic beats and no electromechanical dissociation were observed. Myocardial stunning was observed during the first 30 min of reoxygenation. All hearts fully recovered their electrical and mechanical functions after 30-40 min of reoxygenation. Exogenous NO improved while NOS inhibition delayed E-C coupling recovery. MitoK$_{ATP}$ channel opening increased reoxygenation-induced ROS production and improved E-C coupling and conduction (PR) recovery. MPG, chelerythrine or L-NAME reversed this effect. Reoxygenation increased ERK and JNK activities 2- and 4-fold, respectively, while anoxia had no effect. MitoK$_{ATP}$ channel opening abolished the reoxygenation-induced activation of JNK but had no effect on ERK activity. This inhibitory effect was partly reversed by mitoK$_{ATP}$ channel blocker but not by MPG.

Conclusion: In the developing heart, ventricular E-C coupling was found to be specially sensitive to hypoxia-reoxygenation and its postanoxic recovery was improved by mitoK$_{ATP}$ channel activation via a ROS-, PKC- and NO-dependent pathway. JNK inhibition appears to be involved in this protection. Thus, mitochondria can play a pivotal role in the cellular signalling pathways, notably under critical metabolic conditions. The model of isolated embryonic heart appears to be useful to better understand the mechanisms underlying the myocardial dysfunction induced by an *in utero* hypoxia and to improve therapeutic strategies in fetal cardiology and surgery.

ABRÉVIATIONS

5-HD : 5-hydroxydécanoate

ABC : ATP Binding Cassette (cassette de liaison à l'ATP)

ADP : Adénosine DiPhosphate

ANT : Adenine Nucleotide Transporter (transporteur d'ATP/ADP)

ATP : Adénosine TriPhosphate

AV : Auriculo Ventriculaire

CAT : catalase

Cx : connexine

Cyt C : cytochrome C

DAG : DiAcylGlycérol

DCFH : 2',7'-dichlorofluorescine

DCFH-DA : forme diacetate du DCFH

E-C : Excitation-Contraction (couplage)

EMD : ElectroMechanical Delay (délai électromécanique)

ERK : Extracellular Regulated Kinase

$FADH_2$: Flavine adénine dinucléotide

GMPc : Guanidine MonoPhosphate cyclique

GPx : glutathion peroxydase

GSH : glutathion réduit

GSSG : glutathion oxydé

GST : Glutathion-S-Transférase

GTP : Guanidine TriPhosphate

IPC : Ischemic PreConditioning (préconditionnement ischémique)

JNK : c-Jun N-terminal Kinase

K_{ATP} (canaux) : canaux potassiques sensibles à l'ATP

MAPK : Mitogen Activated Protein Kinase

mitoK$_{ATP}$ (canaux) : canaux potassiques mitochondriaux sensibles à l'ATP

MPG : 2-N-Mercapto-Propionyl-Glycine

MPTP : Mitochondrial Permeability Transition Pore (pore mitochondrial de perméabilité transitoire)

NAD$^+$: Nicotinamide Adénine Dinucléotide

NAD(P) : Nicotinamide Adénine Dinucléotide Phosphate

NCX : échangeur Na$^+$/Ca^{2+}

NHE : échangeur Na$^+$/H$^+$

NOS : synthase du monoxyde d'azote

PBS : Phosphate Buffer Saline

PKB : Protéine Kinase B

PKC : Protéine Kinase C

RNS : Reactive Nitrogen Species (espèce radicalaire de l'azote)

ROS : Reactive Oxygen Species (espèce radicalaire de l'oxygène)

sarcK$_{ATP}$ (canaux) : canaux potassiques sarcolemmiques sensibles à l'ATP

SDH : Succinate DésHydrogénase

SERCA : Sarcoplasmic Endoplasmic Reticulum Calcium ATPase

SOD : SuperOxyde Dismutase

VDAC : Voltage Activated Anion Channel (canal anionique dépendant du voltage)

XDH : Xanthine DésHydrogénase

XO : Xanthine Oxydase

TABLE DES MATIÈRES

TABLE DES MATIÈRES 1

INTRODUCTION 5

I. L'ischémie-reperfusion myocardique 5
I.1. Les conséquences métaboliques de l'ischémie-reperfusion 6
I.2. Les perturbations ioniques pendant l'ischémie-reperfusion 7
I.3. Les dysfonctionnements contractiles et les dommages cellulaires liés à l'ischémie-reperfusion. 9
I.4. Dysfonctionnement mitochondrial 10

II. Le stress oxydatif 12
II.1. Les espèces radicalaires produites lors de la reperfusion myocardique 12
    II.1.a. L'anion superoxyde 12
    II.1.b. Le peroxyde d'hydrogène 13
    II.1.c. Le radical hydroxyle 13
    II.1.d. L'acide hypochloreux 13
    II.1.e. Le monoxyde d'azote 13
    II.1.f. Le peroxynitrite 13
    II.1.g. Les autres radicaux, alkyle, alkoxyle et alkoperoxyle 14
II.2. Les sources de radicaux lors de l'ischémie-reperfusion 14
    II.2.a. Les leucocytes activés 15
    II.2.b. La xanthine oxydase (XO) 15
    II.2.c. Les NAD(P)H oxydases 16
    II.2.d. Les NO synthases 16
    II.2.e. La chaîne respiratoire mitochondriale 17
    II.2.f. Les autres systèmes 20
II.3. Les systèmes antioxydants enzymatiques et non-enzymatiques 21
    II.3.a. Les superoxyde dismutases 21
    II.3.b. Les catalases 21
    II.3.c. Le système glutathion 21
    II.3.d. Les systèmes antioxydants non enzymatiques 22
II.4. Effets des radicaux libres 23
    II.4.a. Dommages causés aux constituants cellulaires 23
    II.4.b. Conséquences fonctionnelles du stress oxydatif 25

II.4.c. Rôle physiologique des radicaux dans la signalisation cellulaire.. 26

III. La cardioprotection 27
III.1.Le préconditionnement ischémique 27
III.2.Le préconditionnement pharmacologique 28
    III.2.a. L'adénosine 28
    III.2.b. La bradykinine 29
    III.2.c. Les opiacés 29
III.3.Autres traitements cardioprotecteurs 29
III.4.Mécanismes impliqués dans la cardioprotection 30
    III.4.a. Rôle des protéines kinases C (PKC) 30
    III.4.b. Rôle des Tyrosine Kinases 31
    III.4.c. Rôle des MAPK 32
    III.4.d. Rôle des radicaux, ROS et RNS 33

IV. Les canaux potassiques sensibles à l'ATP (K_{ATP}) 34
IV.1.Structure et fonction des canaux K_{ATP} sarcolemmiques (sarcK_{ATP}) 36
IV.2.Pharmacologie des canaux K_{ATP} 39
IV.3.Structure et fonction des canaux K_{ATP} mitochondriaux (mitoK_{ATP}) 40
    IV.3.a. Evidences supportant l'existence des canaux mitoK_{ATP} 40
    IV.3.b. Fonction des canaux mitoK_{ATP} 43
IV.4.Canaux K_{ATP} et cardioprotection 44

V. Caractéristiques du cœur embryonnaire de poulet 47
V.1. Cardiogenèse 47
V.2. Métabolisme énergétique 48
V.3. Canaux et transporteurs 48
V.4. Réponse à l'ischémie-reperfusion 49
V.5. Cardioprotection du cœur immature 49

OBJECTIFS DU TRAVAIL 51

I. Caractérisation de l'ECG et des arythmies dans le cœur fœtal . 51

II. Effet du NO sur le couplage excitation-contraction (E-C) 52

III. Protection par l'activation des canaux K_{ATP} mitochondriaux (mitoK_{ATP}) 52

IV. Modulation des MAPK par l'anoxie-réoxygénation 53

MATERIEL ET METHODES 54

I. Montage du cœur *in vitro* 54

II. Protocole expérimental d'anoxie-réoxygénation 55

III. Activités électrique et contractile 55
  III.1. Enregistrement de l'activité électrique (ECG et électrogramme) ... 56
  III.2. Enregistrement de l'activité contractile 56
  III.3. Mesure des paramètres fonctionnels 58
    III.3.a. Paramètres électriques 58
    III.3.b. Paramètres contractiles 59
    III.3.c. Couplage excitation-contraction 59

IV. Production radicalaire myocardique 59

V. Activité kinase (ERK et JNK) 62
  V.1. Préparation des échantillons 62
  V.2. Expression et purification des protéines de fusion Glutathion-S-Transférase (GST) 63
  V.3. Dosage de l'activité des kinases ERK et JNK 63

VI. Dosages des protéines et du glycogène 64

VII. Statistiques 65

RESULTATS 66

I. Caractérisation électrocardiographique du cœur embryonnaire 66
  I.1. Stabilité des paramètres fonctionnels in vitro 66
  I.2. Effets de l'anoxie-réoxygénation 68
  I.3. Type et incidence des arythmies déclenchées par l'anoxie-réoxygénation 70
  I.4. Réponse de l'oreillette, du ventricule et du conotroncus isolés à l'anoxie-réoxygénation 74

I.5. Discussion 76

II. Rôle du NO dans la récupération du couplage E-C ventriculaire 80
II.1. Introduction 80
II.2. Résultats 80
II.3. Discussion 80

III. Rôle des canaux K_{ATP} mitochondriaux (mitoK_{ATP}) dans la récupération postanoxique 82
III.1. Introduction 82
III.2. Résultats 83
III.3. Discussion 83

IV. Modulation de l'activité des MAPK au cours de l'anoxie et de la réoxygénation 86
IV.1. Introduction 86
    IV.1.a. Activation de ERK et JNK par l'ischémie et la reperfusion 86
    IV.1.b. Rôle des MAPK dans la cardioprotection 86
IV.2. Résultats et discussion 87
    IV.2.a. Profil d'activité de ERK 87
    IV.2.b. Profil d'activité de JNK 88
    IV.2.c. Effet de l'ouverture des canaux mitoK_{ATP} sur l'activité de JNK ... 88

CONCLUSION ET PERSPECTIVES 91
REFERENCES BIBLIOGRAPHIQUES 94
ANNEXES 119

INTRODUCTION

I. L'ischémie-reperfusion myocardique

Une diminution anormale de la perfusion d'un organe ou d'un tissu (ischémie), aboutit à une réduction de l'apport en oxygène (hypoxie) et en nutriments.

Dans le cas du myocarde adulte, l'ischémie est généralement due à l'obstruction accidentelle partielle ou totale d'une artère coronaire, mais peut également s'imposer lors de la chirurgie cardiaque ou dans le cas de la transplantation cardiaque. Le déséquilibre entre l'apport en oxygène et la demande métabolique aboutit à des perturbations électriques, mécaniques, biochimiques et structurales pouvant entraîner une mort cellulaire. Ces altérations sont dans un premier temps réversibles, constituant essentiellement une diminution de la concentration en ATP accompagnée d'une diminution de l'activité cellulaire *(Hoffmeister et al., 1986)*. Si le tissu est reperfusé rapidement, les cellules resteront viables.

Si par contre, l'ischémie est prolongée, les altérations vont aboutir à une mort cellulaire, par apoptose (mort cellulaire programmée) puis par nécrose (mort par lyse des cellules) *(Logue et al., 2005)*. Cette nécrose se propage dans le myocarde, de l'endocarde vers l'épicarde, et la zone nécrosée sera ensuite remplacée par du tissu cicatriciel incapable de se contracter.

La reperfusion est donc indispensable à la survie du tissu, dans la mesure où elle limite les lésions tissulaires qui suivent une ischémie plus ou moins prolongée. C'est d'ailleurs la seule méthode connue permettant de sauvegarder le myocarde ischémique des lésions tissulaires irréversibles. Mais la reperfusion est une "épée à double tranchant" (Figure 1) car elle est aussi associée à des altérations fonctionnelles réversibles comme la sidération myocardique ou les arythmies, et des altérations irréversibles comme la nécrose tissulaire. Ce phénomène où la réoxygénation est indispensable pour la survie myocardique mais a des effets délétères est appelé le "paradoxe de l'oxygène".

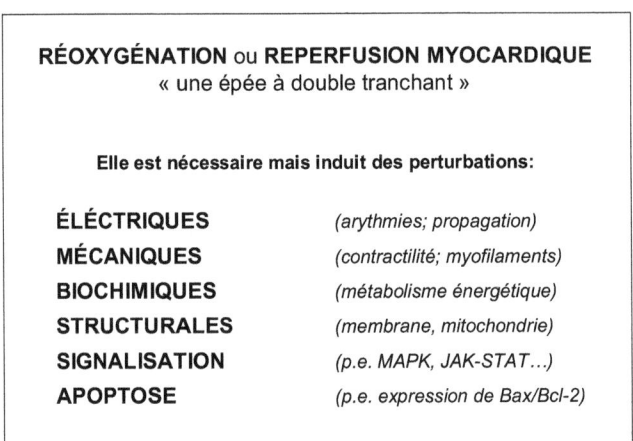

Figure 1 : La reperfusion est une "épée à double tranchant". Les types de perturbations pouvant survenir au cours de la réoxygénation sont indiqués.

I.1. Les conséquences métaboliques de l'ischémie-reperfusion

En conditions physiologiques, l'apport en énergie du myocarde adulte est assuré essentiellement par l'oxydation des acides gras libres (*Zierler, 1976*) plutôt que par celle du glucose (70% contre 30%).

Lors d'une ischémie, le cœur réduit son activité mécanique en réponse à une diminution d'apport énergétique due à une perfusion insuffisante (*Heusch, 1998*). Dans ce cas, le myocarde augmente sa consommation anaérobie de glucose (*Rumsey et al., 1999; Argaud et Ovize, 2000)*, le métabolisme énergétique devenant alors plus glycolytique qu'oxydatif.

I.2. Les perturbations ioniques pendant l'ischémie-reperfusion

L'activation de la glycolyse anaérobie se traduit par la production de lactate et de protons entraînant une acidification intracellulaire, évaluée à 1 unité pH en 10 minutes environ (*Allen et Xiao, 2003*). Cette acidification va entraîner l'activation de l'échangeur Na^+/H^+ membranaire (isoforme NHE-1 dans le myocarde) afin d'expulser des protons, de même que l'activation d'un autre système alcalinisant, le symport Na^+/HCO_3^-. L'augmentation de l'activité de ces systèmes aboutit à une augmentation de la concentration sodique intracellulaire. Du fait du manque d'ATP cellulaire, la pompe Na^+/K^+-ATPase va expulser moins de sodium, ce qui va diminuer voire même inverser l'activité de l'échangeur Na^+/Ca^{2+} (NCX). Ce mode de fonctionnement inversé de l'échangeur NCX se traduit par une augmentation de la concentration cytosolique en calcium (*Allen et Xiao, 2003*) (Figure 2). Ainsi, la mise en route de systèmes neutralisant l'acidification cellulaire due au changement de substrat énergétique du cœur va aboutir à une surcharge sodique et calcique du cytosol.

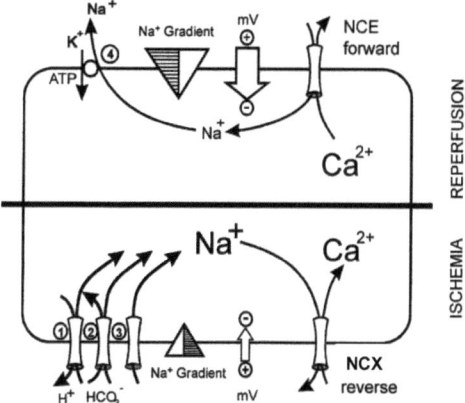

Figure 2 : Perturbations ioniques durant l'ischémie-reperfusion *(Piper et al., 2003)*, NCX : échangeur Na^+/Ca^{2+}, 1 : NHE1 ; 2 : symport Na^+/HCO_3^- ; 3 : autres transporteurs et 4 : Na^+/K^+-ATPase.

Lors de la reperfusion, si la chaîne respiratoire a subi peu d'altérations durant l'ischémie et reste fonctionnelle, le taux d'ATP cellulaire augmente très rapidement, et alimente ainsi les différentes pompes, Na^+/K^+-ATPase, et la Ca^{2+}-ATPase du réticulum sarcoplasmique (SERCA-2). L'activité de SERCA permet de pomper le calcium à l'intérieur du réticulum. Si la surcharge calcique cytosolique est importante, le réticulum ne peut pas contenir tout le calcium, ce qui entraîne des oscillations de la concentration calcique par des cycles successifs de capture et de libération du calcium. De plus, si durant l'ischémie le gradient sodique diminue suffisamment, le calcium entre dans la cellule par fonctionnement inverse de l'échangeur NCX, contribuant à la surcharge et aux oscillations calciques *(Piper et al., 2003)*.

Le fonctionnement du NHE-1 durant l'ischémie acidifie le milieu interstitiel. Le rétablissement du flux coronaire va très rapidement normaliser le pH interstitiel. Le gradient de proton créé par cette normalisation du pH extracellulaire va activer le NHE-1, entraînant une normalisation rapide du pH intracellulaire par extrusion des protons mais aboutissant aussi à une entrée de sodium qui active alors le NCX en mode inverse participant ainsi à la surcharge et aux oscillations calciques post-ischémiques (*Allen et Xiao, 2003*).

De surcroît, le métabolisme anaérobie durant l'ischémie conduit à une augmentation de pression osmotique intracellulaire et interstitielle. Le rétablissement du flux coronaire entraîne une chute brutale de pression osmotique interstitielle, créant ainsi un fort gradient osmotique entre les milieux intercellulaire et interstitiel, faisant entrer de l'eau dans les cellules. Le gonflement cellulaire, ajouté à la fragilisation du cytosquelette peut entraîner la rupture de la membrane cellulaire *(Piper et al., 1998)*.

I.3. Les dysfonctionnements contractiles et les dommages cellulaires liés à l'ischémie-reperfusion.

Lors de l'ischémie, l'amplitude de contraction des cardiomyocytes diminue très rapidement *(Heusch, 1998)* mais est maintenue tant que l'énergie est disponible en quantité suffisante sous forme d'ATP. Lorsque la concentration d'ATP est proche de zéro, les têtes de myosine restent liées au filament d'actine, créant une contracture à l'origine d'une fragilisation du cytosquelette des cardiomyocytes. Si l'ischémie est maintenue, cette contracture peut aboutir à une nécrose cellulaire *(Piper et al., 1998; Piper et al., 2003)*.

A la reperfusion, dès que l'ATP est à nouveau disponible, la machinerie contractile se remet en route. Cette activité, associée à la surcharge calcique et aux oscillations calciques, va aboutir à une hypercontracture *(Rodrigo et Standen, 2005)*, qui, agissant sur un cytosquelette fragilisé, peut générer des lésions irréversibles par nécrose *(Ganote, 1983; Piper et Garcia-Dorado, 1999)*. Les oscillations de concentration calcique sont probablement à l'origine des arythmies observées à la reperfusion (fibrillation ventriculaires, extrasystoles ventriculaires principalement) *(Hearse, 1992; Lee et al., 2002; Das et Sarkar, 2003a; Rajesh et al., 2004)*.

Même lorsque la circulation coronaire est rétablie assez tôt pour qu'il n'y ait pas de dommages irréversibles au niveau cellulaire, la reperfusion entraîne un dysfonctionnement cardiaque réversible appelé sidération myocardique ou "stunning" *(Bolli et Marban, 1999; Ambrosio et Tritto, 2002)*. La sidération du myocarde se traduit par une diminution des fonctions systolique et diastolique *(Charlat et al., 1989)* qui peuvent récupérer en quelques heures, voire quelques jours. Une des hypothèses expliquant ce délai de récupération est une surproduction de radicaux libres d'oxygène ou d'azote, entraînant un stress oxydatif (cf. **II. Le stress oxydatif**) durant l'ischémie et la reperfusion *(Bolli et al., 1998; Bolli et Marban, 1999; Bolli, 2001; Tang et al., 2002)*. L'activité protéolytique des calpaïnes pourrait également participer aux dysfonctionnements contractiles et à la mort cellulaire. En effet, l'activation de ces protéases par le calcium lors de l'ischémie-reperfusion pourrait conduire à la lyse de protéines impliquées dans la fonction contractile (α-actinine) ou l'intégrité cellulaire (spectrine) *(Perrin et al., 2004)*.

I.4. Dysfonctionnement mitochondrial

Les mitochondries représentent environ 37% du volume cellulaire dans les cardiomyocytes adultes *(Kanai et al., 2001)*. Il en existe deux populations, les mitochondries subsarcolemmiques (SSM) et les mitochondries interfibrillaires (IFM). Les premières sont situées à proximité de la membrane cellulaire, les secondes proches des myofibrilles *(Palmer et al., 1985)*. Ces deux populations de mitochondries, du fait de leur localisation et propriétés différentes, ne sont pas affectées de la même manière par l'ischémie *(Lesnefsky et al., 2001)*. Il est de plus en plus admis que la mitochondrie, en dehors de sa fonction bioénergétique, joue un rôle central dans les voies de signalisation cellulaire, aussi bien en conditions physiologiques que pathologiques *(Marin-Garcia et Goldenthal, 2004; O'Rourke et al., 2005)*.

La concentration calcique augmente dans le cytosol durant l'ischémie entraînant également une accumulation du calcium dans la mitochondrie. La capacité des SSM vis-à-vis de l'accumulation calcique est limitée et cette dernière crée un gonflement de la mitochondrie par entrée d'eau, ainsi que des dépôts calciques intra mitochondriaux, aboutissant à la libération de cytochrome C (Cyt C). Les IFM sont beaucoup moins sensibles à la surcharge calcique et ne libèrent pas de Cyt C *(Palmer et al., 1986)*. La reperfusion est associée à une diminution transitoire de la concentration calcique intra mitochondriale, suivie d'une surcharge calcique associée à l'ouverture du pore mitochondrial de perméabilité transitoire (MPTP) *(Murata et al., 2001)*, favorisant la libération de Cyt C. L'ouverture du MPTP coïncide avec la diminution du potentiel électrochimique mitochondrial *(Akao et al., 2003)*. La diminution du gradient électrochimique va entraîner un dysfonctionnement de la chaîne respiratoire et participer aux perturbations contractiles par manque d'ATP et par production de radicaux, et à la mort cellulaire par apoptose ou nécrose, via l'ouverture du MPTP et la libération de Cyt C *(Marczin et al., 2003)*. La libération de Cyt C par les SSM va, en effet, activer des caspases cytosoliques qui participent à la signalisation pro-apoptotique *(Logue et al., 2005)*. Il a été démontré que l'inhibition du MPTP par la cyclosporine A ou la sanglifehrine A pouvait diminuer le nombre de cellules apoptotiques ou nécrotiques *(Halestrap et al., 2004; Hausenloy et al., 2004; Argaud et al., 2005; Facundo et al., 2005)*. L'activation des caspases, suite à la libération de Cyt C *(Logue et al., 2005)*, aggrave la surcharge calcique en inhibant les pompes calciques par protéolyse *(Paszty et al., 2002)*.

Lors de l'ischémie, le métabolisme n'utilise plus les acides gras mais la glycolyse anaérobie, ce qui va entraîner une accumulation d'acyl-coenzyme A longs dans les myocytes. Cette accumulation va inhiber le transport à travers le complexe transporteur d'ATP/ADP (ANT) dont l'activité est couplée à la chaîne respiratoire *(Jassem et al., 2002)*.

L'ischémie crée des dommages au niveau de la chaîne respiratoire tels qu'une réduction progressive des protéines fer-soufre associées au complexe I et II de la chaîne respiratoire (NADH déshydrogénase et succinate déshydrogénase respectivement), et aboutit à la libération d'ions ferreux qui vont catalyser la formation de nouveaux radicaux lors de la reperfusion (cf. **II. Le stress oxydatif**). L'ischémie prolongée va étendre les dommages aux complexes III et IV *(Petrosillo et al., 2003)*.

Les défenses antioxydantes de la mitochondrie sont diminuées lors d'un déficit de perfusion, en particulier le taux de glutathion *(Mansfield et al., 2004)*, et l'activité des superoxyde dismutases (SOD) *(Arduini et al., 1988)*.

II. Le stress oxydatif

Les radicaux d'oxygène (ROS) ou d'azote (RNS) sont des molécules dont un atome possède un électron non apparié ou "célibataire" sur son orbitale externe. Les radicaux ont en général une durée de vie extrêmement brève du fait de leur grande réactivité (de l'ordre de la microseconde). Les électrons célibataires vont en effet essayer de se "réapparier". Les radicaux principaux sont l'anion superoxyde $O_2^{\cdot-}$, le radical hydroxyle $^{\cdot}OH$, le monoxyde d'azote $^{\cdot}NO$, et les radicaux secondaires issus de réactions entre ces radicaux et les acides gras, protéines ou glucides. Enfin, il existe des molécules ne possédant pas d'électron libre, mais hautement réactives, le peroxyde d'hydrogène H_2O_2, l'acide hypochloreux $HOCl$ et le dérivé du monoxyde d'azote, le peroxynitrite $ONOO^-$ *(Halliwell et Gutteridge, 1998b; Dhalla et al., 2000; Souchard et al., 2002; MacCarthy et Shah, 2003)*.

Durant l'ischémie, du fait du manque d'oxygène, peu ou pas de radicaux sont produits, mais leur production est importante à la reperfusion *(Xu et al., 2001)*, d'autant plus que l'ischémie précédente a été longue *(Li et Jackson, 2002)*.

Le stress oxydatif est dû à un déséquilibre entre la production de radicaux par les systèmes oxydants et leur élimination par les systèmes antioxydants.

II.1. Les espèces radicalaires produites lors de la reperfusion myocardique

II.1.a. L'anion superoxyde

L'anion superoxyde est issu de la réaction de l'oxygène moléculaire avec un électron :

$$O_2 + e^- \rightarrow O_2^{\cdot-}$$

Il est produit normalement dans toutes les cellules par la respiration mitochondriale et environ 2% de l'oxygène consommé par la cellule se transforme en $O_2^{\cdot-}$ *(Herrero et Barja, 1997)*.

II.1.b. Le peroxyde d'hydrogène

Le peroxyde d'hydrogène (H_2O_2) est produit par la dismutation de l'anion superoxyde (spontanée ou par la superoxyde dismutase), ou par réduction bivalente de l'oxygène :

$$2O_2^{\bullet -} + 2H^+ \rightarrow H_2O_2 + O_2$$
$$O_2 + 2e^- + 2H^+ \rightarrow H_2O_2$$

II.1.c. Le radical hydroxyle

Le radical hydroxyle ($HO^\bullet$) provient de la réaction de l'anion superoxyde avec le peroxyde d'hydrogène par la réaction d'Haber-Weiss, et par la réaction de Fenton dans laquelle le peroxyde d'hydrogène réagit avec l'ion ferreux qui peut provenir de la réduction des protéines fer-soufre :

$$O_2^{\bullet -} + H_2O_2 \rightarrow O_2 + HO^- + HO^\bullet \text{ (réaction d'Haber-Weiss)}$$
$$H_2O_2 + Fe^{2+} \rightarrow Fe^{3+} + HO^- + HO^\bullet \text{ (réaction de Fenton)}$$

II.1.d. L'acide hypochloreux

L'acide hypochloreux (HOCl) est le produit de la réaction du peroxyde d'hydrogène et de l'ion chlorure :

$$H_2O_2 + Cl^- + H^+ \rightarrow HOCl + H_2O$$

II.1.e. Le monoxyde d'azote

Le monoxyde d'azote (NO) est produit par les synthases du monoxyde d'azote (NOS) à partir de la L-arginine (voir ci-après **II.2.d. Les NO synthases**).

II.1.f. Le peroxynitrite

Le peroxynitrite ($ONOO^-$) très réactif, est issu de la réaction très rapide (constante de vitesse $k \sim 6,7.10^9$ $M^{-1}.s^{-1}$) du monoxyde d'azote avec l'anion superoxyde :

$$NO^\bullet + O_2^{\bullet -} \rightarrow ONOO^-$$

II.1.g. Les autres radicaux, alkyle, alkoxyle et alkoperoxyle

Ils sont issus de la réaction de l'anion superoxyde ou de l'hydroxyle sur les chaînes d'acide gras, les protéines et les glucides. Ces chaînes sont conventionnellement notées "R". Les radicaux sont donc notés R$^\bullet$ (alkyle), RO$^\bullet$ (alkoxyle) et ROO$^\bullet$ (alkoperoxyde).

II.2. Les sources de radicaux lors de l'ischémie-reperfusion

Les radicaux sont produits naturellement dans l'organisme par le métabolisme cellulaire ou des réactions d'oxydo-réduction (Figure 3). Les macrophages et polynucléaires neutrophiles du système immunitaire peuvent également produire des radicaux lors de leur activation par les micro-organismes. Dans le système cardiovasculaire, les sources principales de superoxyde sont les leucocytes activés, la xanthine oxydase, les NAD(P)H oxydases, les NOS, et surtout la chaîne respiratoire de la mitochondrie *(Souchard et al., 2002; MacCarthy et Shah, 2003)*.

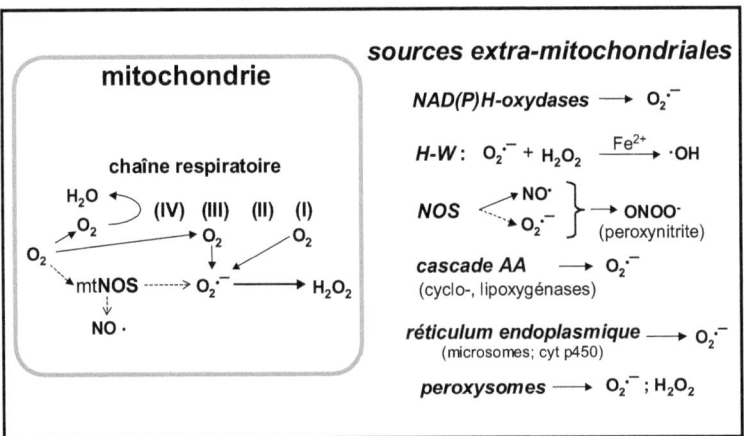

Figure 3 : La mitochondrie est la source principale de ROS dans la cellule. I-IV : complexes de la chaîne respiratoire ; NOS : synthase du monoxyde d'azote ; mtNOS : NOS mitochondriale ; H-W : réaction d'Haber-Weiss ; AA : acide arachidonique.

II.2.a. Les leucocytes activés

Les polynucléaires neutrophiles, essentiellement, possèdent une forte concentration en NAD(P)H oxydase au niveau des phagosomes et des membranes. L'activité de cette enzyme est faible à l'état basal, mais lorsque ces cellules sont activées par des stimuli inflammatoires tels que l'opsonisation, la NAD(P)H oxydase peut produire de grande quantité d'anion superoxyde à partir de l'oxygène, entraînant une "bouffée respiratoire". L'anion superoxyde peut être transformé en peroxyde d'hydrogène, qui, en présence de fer, va être converti en radical hydroxyle par la réaction d'Haber-Weiss. Le peroxyde d'hydrogène peut également être converti, par la myéloperoxydase en présence de chlorure, en acide hypochloreux, fortement réactif. Ces espèces radicalaires peuvent se limiter au phagosome et participer à la lyse bactérienne, mais également être libérés par exocytose et participer ainsi au phénomène d'inflammation *(Souchard et al., 2002)*. Dans le cas de l'ischémie cardiaque, une telle réaction inflammatoire participe à la nécrose du tissu ischémique.

II.2.b. La xanthine oxydase (XO)

La xanthine oxydase (XO) fait partie du complexe xanthine oxydoréductase (XOR), qui possède une activité oxydase et une activité déshydrogénase (XDH). La XDH convertie l'hypoxanthine en xanthine en utilisant le NAD^+ comme accepteur d'électrons, et la XO convertit la xanthine en acide urique en produisant l'anion superoxyde à partir de l'oxygène. Mais lors de situations pathologiques telles que l'ischémie, la XDH peut être convertie en XO par protéolyse *(Bonaventura et Gow, 2004)*, et ainsi générer du superoxyde. L'allopurinol, un inhibiteur de xanthine oxydase, exerce un effet protecteur lors d'ischémie-reperfusion myocardique *(Pearlstein et al., 2002)* ou d'occlusion coronaire chronique *(Mellin et al., 2005)*.

II.2.c. Les NAD(P)H oxydases

Les NAD(P)H oxydases existent, en plus de la forme présente dans les leucocytes, sous une forme endothéliale et musculaire (muscle lisse et cardiaque) *(Kim et al., 2005)*. Parmi ces différentes isoformes, on distingues 7 membres : Nox-1 à 5 et Duox-1 et 2 *(Krause, 2004)*. Le tissu vasculaire semble contenir les formes Nox-1, Nox-2 et Nox-4 *(Wolin et al., 2005)*. Les formes endothéliales participent pour une part importante à la production radicalaire (superoxyde) lors de la reperfusion. En effet, l'ablation de l'endothélium d'aortes isolées diminue de manière importante la production de superoxyde à la reperfusion *(Beswick et al., 2001; Bell, 2004; Sun et al., 2005)*. De même, p47^{phox}, sous-unité de la NAD(P)H oxydase, semble indispensable à la production de ROS par les cellules endothéliales. Les cellules endothéliales des vaisseaux de souris invalidées en cette sous-unité sont en effet incapables de produire des radicaux *(Li et al., 2002)*. Enfin, l'apocynine, un inhibiteur des NAD(P)H oxydases, empêche la production de superoxyde dans un modèle d'artère humaine *(Liu et al., 2003)*, ou bovine isolées *(Gupte et al., 2005)*.

II.2.d. Les NO synthases

Les synthases du monoxyde d'azote (NOS) existent sous quatre isoformes, la forme endothéliale (eNOS ou NOS III), la forme neuronale (nNOS ou NOS I), la forme mitochondriale (mtNOS) et la forme inductible (iNOS ou NOS II). Les trois premières isoformes sont constitutives, et produisent en permanence de petites quantités de NO à partir de L-arginine. Lors de la reperfusion, le manque de substrat ou de cofacteur (tetrahydrobioptérine), crée un dysfonctionnement des NOS qui peuvent alors produire à la fois le NO et l'anion superoxyde. Ces deux produits peuvent alors réagir ensemble et former du peroxynitrite ONOO⁻ *(Murrant et Reid, 2001)*.

II.2.e. La chaîne respiratoire mitochondriale

- ***Fonctionnement normal de la chaîne respiratoire mitochondriale***

La chaîne respiratoire mitochondriale est composée de cinq complexes protéiques ancrés dans la membrane interne de la mitochondrie. Son rôle est de synthétiser l'ATP nécessaire au bon fonctionnement cellulaire. Les différents substrats (glucose, acides gras) permettent la production d'équivalents réducteurs, NADH et $FADH_2$ par la glycolyse aérobie, le cycle de Krebs et la β-oxydation, qui vont être utilisés dans la chaîne respiratoire afin de créer un gradient de protons entre l'espace intermembranaire et la matrice mitochondriale, nécessaire à la synthèse de l'ATP à partir d'ADP par l'ATP-synthase (Figure 4).

Le Complexe I, ou NADH déshydrogénase, est un gros complexe multi-protéique (45 sous-unités) d'environ 750kDa (*Nicholls et Ferguson, 2002*). Il catalyse l'oxydation du NADH en NAD^+ parallèlement à la réduction du coenzyme Q en coenzyme QH_2. Cette oxydoréduction est couplée à un transport de protons de la matrice vers l'espace intermembranaire.

Le Complexe II, ou Succinate déshydrogénase, est un petit complexe protéique de 13kDa. Il catalyse l'oxydation du succinate en fumarate et la réduction du coenzyme Q en coenzyme QH_2. Cette réaction n'est pas accompagnée d'un transport de protons vers l'espace intermembranaire.

Le Complexe III, ou Coenzyme Q-cytochrome C oxydoréductase est un dimère de protéines de 30kDa chacune. Ce complexe catalyse l'oxydation du coenzyme QH2 et la réduction du cytochrome C ferrique (cyt C Fe^{3+}) en cytochrome C ferreux (cyt C Fe^{2+}). Cette réaction est couplée à un transfert de protons de la matrice vers l'espace intermembranaire.

Le Complexe IV, ou Cytochrome oxydase, est également un dimère. Chaque protéine le constituant a une masse de 162kDa. La cytochrome oxydase oxyde le cyt C Fe^{2+} en cyt C Fe^{3+} en même temps qu'elle réduit le dioxygène en eau en utilisant les électrons transportés le long de la chaîne respiratoire, et transporte des protons vers l'espace intermembranaire.

Enfin, l'ATP synthase ou F0F1-ATP synthase (complexe V) est une protéine de 450kDa, qui couple la diffusion facilitée des protons à la synthèse d'ATP à partir d'ADP et de Pi, et permet donc de transformer le potentiel électrochimique de protons en énergie chimique, c'est-à-dire en ATP (Figure 4).

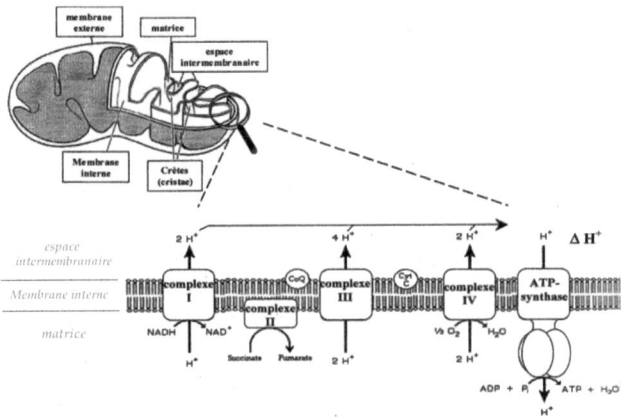

Figure 4 : Schéma de la chaîne respiratoire mitochondriale ; CoQ : coenzyme Q ou ubiquinol ; Cyt C : Cytochrome C. (tiré de *Servais, 2004*).

- *Production radicalaire par la mitochondrie*

La chaîne respiratoire produit, lors de son fonctionnement normal, de petite quantité d'anion superoxyde. Il a été estimé *in vitro* que la mitochondrie réduisait en superoxyde entre 2 et 4% de l'oxygène consommé (*Herrero et Barja, 1997*).

Les complexes I et III semblent être les sites principaux de production de radicaux par la chaîne respiratoire mitochondriale. Les différentes études qui ont permis de démontrer et localiser la production de radicaux par la mitochondrie ont utilisé des inhibiteurs de la chaîne respiratoire. Afin de bien comprendre les différentes conclusions de ces études, les sites d'action des substrats et des inhibiteurs de la chaîne respiratoire mitochondriale sont représentés sur la figure 5.

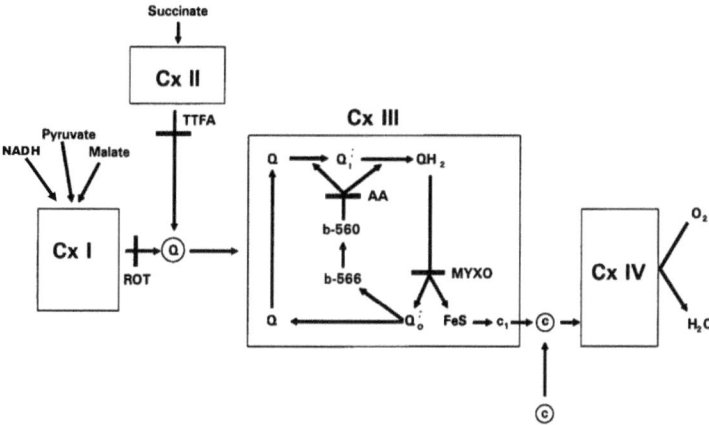

Figure 5 : Sites d'action des substrats et des inhibiteurs de la chaîne respiratoire (modifié de *Herrero et Barja, 1997*). Cx I-IV : complexes I à IV ; ROT : roténone ; Q : ubiquinone ; TTFA : Thenoyltrifluoroacetone. AA : antimycine A ; MYXO : myxothiazol ; Q_i^- : centre 'in' (côté matriciel) semi-ubiquinone; Q_o^- : centre 'out' (côté espace intermembranaire) semi-ubiquinone; FeS : centre Fer-soufre du Complexe III; c_1 : cytochrome c_1; c : cytochrome c.

L'essentiel des études démontrant l'implication des différents complexes dans la production radicalaire a été réalisé sur des mitochondries isolées. Lorsque le substrat est le pyruvate ou le malate (*Herrero et Barja, 1997; McLennan et Degli Esposti, 2000; Staniek et Nohl, 2000*) ou le NADH *(Turrens et Boveris, 1980; Herrero et Barja, 2000; McLennan et Degli Esposti, 2000; Genova et al., 2001)*, dont les électrons sont utilisés par le Complexe I, la roténone (inhibiteur du Complexe I) entraîne une augmentation de la production de radicaux, mais cela est sujet à controverse. Cet effet ne se retrouve pas si le substrat est le succinate (*Herrero et Barja, 1997*). De plus, Herrero et Genova *(Herrero et Barja, 2000; Genova et al., 2001)* ont démontré que le site producteur du Complexe I était le centre fer-soufre.

Quelque soit le substrat, l'antimycine A (inhibiteur du Complexe III), entraîne une augmentation de production radicalaire *(Boveris et al., 1972; Turrens et Boveris, 1980; Herrero et Barja, 1997; McLennan et Degli Esposti, 2000; Staniek et Nohl, 2000; Genova et al., 2001)*. Le myxothiazol (*Herrero et Barja, 1997; McLennan et Degli Esposti, 2000*), diminue mais n'abolit pas totalement la production due à l'antimycine A. Ceci démontre, d'une part que le Complexe III peut générer des radicaux (production abolie par le myxothiazol), et d'autre part que le Complexe I est responsable de la production résiduelle.

Le Complexe II peut également, dans une moindre mesure, contribuer à la production de ROS. Ainsi, le succinate augmente la production de H_2O_2 *(Boveris et al., 1972)*. De même, la carboxine (inhibiteur du Complexe II), en présence de NADH ou succinate, diminue la production radicalaire induite par l'antimycine A. Le site de production radicalaire au niveau du Complexe II est donc en aval du site d'oxydation du succinate (*McLennan et Degli Esposti, 2000*).

Durant l'ischémie, l'hydrolyse de l'ATP entraîne une élévation de la concentration en phosphates inorganiques libres, qui augmentent la perméabilité de la membrane interne de la mitochondrie *(Kowaltowski et al., 1996)*. L'ischémie cause aussi la réduction progressive de protéines fer-soufre associées aux Complexes I et II de la chaîne respiratoire mitochondriale, entraînant la libération d'ions ferreux (Fe^{2+}) qui permet la réduction d'H_2O_2 par la réaction de Fenton et la production d'hydroxyle à la réoxygénation *(Jassem et al., 2002)*. Durant la reperfusion, du fait des modifications de l'état redox de la mitochondrie, le flux d'oxygène dans la mitochondrie entraîne une forte production de radicaux.

II.2.f. Les autres systèmes

La dégradation des catécholamines *(Dhalla et al., 2000)*, le métabolisme de l'acide arachidonique *(Souchard et al., 2002)* et l'action de l'angiotensine II

(Kimura et al., 2005) aboutissent à la production de ROS lors de l'ischémie et de la reperfusion.

II.3. Les systèmes antioxydants enzymatiques et non-enzymatiques

Les cellules possèdent des systèmes permettant de neutraliser la production radicalaire physiologique mais potentiellement délétère, le taux de ROS restant ainsi faible. Parmi ces systèmes on distingue des systèmes antioxydants enzymatiques et non-enzymatiques.

II.3.a. Les superoxyde dismutases

Les superoxyde dismutases (SOD) furent isolées en 1969 par McCord et Fridovich (*McCord et Fridovich, 1969*). Deux isoformes sont présentes dans le myocarde, une forme cytosolique à cuivre et zinc (Cu/Zn SOD) et une forme mitochondriale à manganèse (Mn SOD). Ces enzymes convertissent l'anion superoxyde en peroxyde d'hydrogène. Leur action, associée à celle des catalases ou de la glutathion peroxydase, évite l'accumulation du peroxyde d'hydrogène dans la cellule et sa conversion en radical hydroxyle.

II.3.b. Les catalases

Les catalases (CAT) convertissent le peroxyde d'hydrogène en oxygène moléculaire et en eau (2 $H_2O_2 \rightarrow$ 2 $H_2O + O_2$). Ces enzymes sont essentiellement peroxysomales, mais elles se trouvent aussi dans le cytosol *(Ferrari et al., 2004)* et la mitochondrie *(Bai et Cederbaum, 2001)*. Leur action semble jouer un rôle important en présence de forte concentration de H_2O_2, alors que la glutathion peroxydase peut agir sur de faibles quantités de peroxydes.

II.3.c. Le système glutathion

Les glutathion peroxydases (GPx) sont présentes dans le cytosol et les mitochondries. Ces enzymes convertissent le peroxyde d'hydrogène en eau en utilisant le glutathion réduit (GSH) comme donneur d'électrons. L'oxydation de deux GSH conduit à la formation de glutathion oxydé, GSSG. Cette réaction est couplée à la réduction du GSSG en GSH par la glutathion réductase (GR), qui utilise le NAD(P)H comme cofacteur *(Jassem et al., 2002)*.

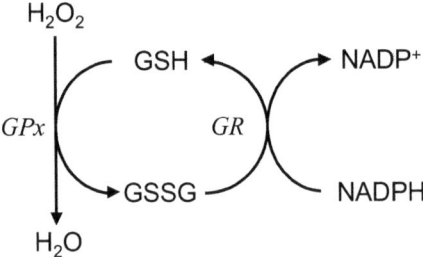

Elimination du H_2O_2 par les réactions enzymatiques combinées de la GPx et de la GR

Dans le cœur, 95% du glutathion est sous forme réduite, maintenant ainsi un rapport GSH/GSSG élevé. Tant que le pool de glutathion est maintenu, ou que les enzymes fonctionnent correctement, ce système antioxydant est opérationnel et permet, en concert avec les catalases, l'élimination du peroxyde d'hydrogène et des formes peroxydées des phospholipides et phosphoprotéines *(Dhalla et al., 2000)*.

II.3.d. Les systèmes antioxydants non enzymatiques

Les vitamines, telles que l'α-tocophérol et l'acide ascorbique, l'acide urique et les chélateurs de métaux, tels que les protéines de liaison (iron binding proteins) et de transport du fer, et l'albumine jouent un rôle important dans l'élimination des radicaux *(Dhalla et al., 2000; Souchard et al., 2002)*.

- ***La vitamine E***

La vitamine E (α-tocophérol) est un composé lipophile, ce qui lui permet de se localiser au niveau des membranes. Il protège les lipides membranaires de l'oxydation. L'α-tocophérol est réduit en radical par l'échange d'un électron et réagit avec l'acide ascorbique, qui devient alors radicalaire *(Souchard et al., 2002)*.

- ***La vitamine C***

L'acide ascorbique (vitamine C) est un antioxydant hydrosoluble. La vitamine C peut réagir avec de nombreux radicaux en générant le radical ascorbyle puis l'anion ascorbyle. Le radical ascorbyle peut réagir avec lui-même pour se régénérer. Cette régénération est également possible par le NAD(P)H ou par le glutathion *(Souchard et al., 2002)*.

II.4. Effets des radicaux libres

II.4.a. Dommages causés aux constituants cellulaires

L'excès de radicaux entraîne des dommages au niveau des acides nucléiques, des protéines et des acides gras.

- ***Les acides nucléiques***

Les acides nucléiques sont particulièrement sensibles aux radicaux. Les groupements radicalaires ainsi formés peuvent aboutir à des mutations ponctuelles voire des ruptures dans la chaîne d'ADN, en particulier l'ADN mitochondrial (ADN_{mt}). En effet, celui-ci est proche de la source des radicaux, ne possède pas d'histone et dispose de moins de mécanismes de réparation que l'ADN nucléaire. Comme de nombreuses protéines de la chaîne respiratoire sont codées par l'ADN_{mt}, des mutations de cet ADN peuvent perturber la phosphorylation oxydative et par conséquent réduire la synthèse d'ATP *(Zhang et al., 1990)*.

- ***Les protéines***

Les radicaux produits par la chaîne respiratoire peuvent réagir avec les protéines de cette dernière. En effet, les complexes de la chaîne respiratoire sont très sensibles à l'oxydation. Par exemple, les complexes I, II et IV sont particulièrement sensibles à l'oxydation par ONOO⁻ *(Murray et al., 2003)*. L'altération de telles protéines va aboutir à des dysfonctionnements et une diminution de la synthèse d'ATP *(Anaya-Prado et al., 2002)*.

D'autres protéines, en particulier les protéines possédant de groupements sulfhydryle (SH) sont susceptibles d'être oxydées par les radicaux. L'oxydation de ces groupements va aboutir à la formation de ponts disulfures entre les protéines, mais également au sein même des protéines, les rendant inactives. Les groupements SH sont entre autre présents dans des protéines de transport et des enzymes cellulaires *(Souchard et al., 2002)*.

- ***Les acides gras***

Les radicaux peuvent interagir avec les acides gras des membranes plasmiques et mitochondriales et les oxyder. Les dommages au niveau de la membrane interne des mitochondries vont modifier sa perméabilité, perturber le fonctionnement de la chaîne respiratoire et augmenter la production radicalaire. Les modifications de la membrane interne de la mitochondrie entraînent également un découplage et une diminution du rendement de la phosphorylation oxydative. Le gonflement généré par la perméabilité accrue de la membrane interne de la mitochondrie peut aboutir à l'ouverture de MPTP et à la libération de cytochrome C, activant les cascades pro-apoptotiques.

L'attaque de la bicouche lipidique de la membrane plasmique par les espèces radicalaires perturbe également l'organisation de cette bicouche et modifie ses propriétés (fluidité et perméabilité). Les produits de ces réactions (aldéhydes insaturés, malondialdéhydes) peuvent être cytotoxiques et mutagènes. Les interactions lipides-protéines vont également être affectées par ces modifications, et l'activité de nombreuses enzymes associées aux membranes va ainsi être altérée *(Dhalla et al., 2000; Souchard et al., 2002)*.

II.4.b. Conséquences fonctionnelles du stress oxydatif

Les effets des radicaux sont cumulatifs. Leur action sur les protéines et les lipides du sarcolemme et du réticulum sarcoplasmique peuvent entraîner des perturbations électriques d'amplitude suffisante pour générer des arythmies *(Ferrari et al., 2004)*.

Les radicaux sont aussi capables d'augmenter l'activité de l'échangeur NHE *(Snabaitis et al., 2002)*, ajoutant à la surcharge sodique et, par leur action sur les protéines impliquées dans la régulation de la concentration calcique *(Jeroudi et al., 1994; Temsah et al., 1999; Dhalla et al., 2000)*, participent à la sidération myocardique. H_2O_2 inhibe par exemple l'activité de la créatine kinase myofibrillaire et celle de la SERCA-2 *(Suzuki et al., 1991; Kaneko et al., 1993)*, alors que la SOD et la CAT intracellulaire préviennent cette inhibition.

Les espèces radicalaires peuvent également déclencher l'apoptose cellulaire. En effet, l'ajout de H_2O_2 entraîne l'apoptose de nombreux types de cellules *(Akao et al., 2001; Aikawa et al., 2002; Ichinose et al., 2003)*. Le H_2O_2 induit l'expression du facteur nécrotique de tumeur TNFα qui, à son tour, induit une production de radicaux par activation de la NAD(P)H-oxydase *(Giordano, 2005)*, causant l'apoptose *(Aikawa et al., 2002)*. Les dommages causés à l'ADN par les radicaux activent la poly-ADP-ribose transférase. La polymérisation de l'ADP-ribose sur les protéines entraîne une diminution rapide du pool cellulaire de $NAD^+/NADH$, un effondrement des réserves d'ATP, et, par conséquent, la mort cellulaire *(Ferrari et al., 2004)*.

Les radicaux (ROS et RNS) dégradant directement les protéines et l'ADN de la mitochondrie, altèrent le métabolisme énergétique. Par exemple, le peroxynitrite, connu comme agent oxydant et nitrosylant puissant, peut inactiver tous les complexes de la chaîne respiratoire mitochondriale *(Brown et Borutaite, 2001)*.

II.4.c. Rôle physiologique des radicaux dans la signalisation cellulaire

Il est maintenant bien établi que les radicaux d'oxygène et d'azote jouent un rôle physiologique important dans la signalisation cellulaire, et en particulier dans les processus de protection. De nombreuses études ont montré l'implication des radicaux dans l'activation de protéine kinases C (PKC). En effet, alors qu'une élévation modérée de radicaux est capable de diminuer la mort cellulaire, l'inhibition des PKC abolit cette protection *(Zhang et al., 2002; Lebuffe et al., 2003)*. Il semble également que la protection myocardique post-ischémique par des anesthésiques comme le sévoflurane soit liée à une production accrue de radicaux, via une translocation des PKC vers la membrane plasmique *(Bouwman et al., 2004)*.

Dans un modèle de cardiomyocytes isolés, la protéine kinase B (PKB) peut être phosphorylée suite à l'application de peroxyde d'hydrogène *(Pham et al., 2000)*, indiquant que la voie des PI3 kinases peut également être activée par les radicaux.

Il a été montré que les radicaux libres tels que H_2O_2 pouvaient promouvoir la phosphorylation des MAPK (Mitogen Activated Protein Kinase), ERK et p38 *(Snabaitis et al., 2002; Yue et al., 2002)* et que cette phosphorylation est inhibée par des piégeur de radicaux *(Yue et al., 2002; Kimura et al., 2005)* ou des inhibiteurs de la chaîne respiratoire mitochondriale *(Kulisz et al., 2002)*.

Le monoxyde d'azote peut également être impliqué dans certaines voies de signalisation cellulaire. Ainsi le NO peut activer des voies dépendantes du GMPc (Guanidine MonoPhosphate cyclique), dérivé de la guanylate cyclase *(Mery et al., 1993; Baker et al., 2001)*, réguler la réponse adrénergiques via une voie dépendante du GMPc *(Balligand, 1999)*, activer les PKC *(Harada et al., 2004)*, moduler le couplage excitation-contraction *(Hare, 2003)*, moduler les courants calciques *(Mery et al., 1993; Massion et al., 2003)*, ou encore activer les canaux potassiques dépendant de l'ATP (K_{ATP}) *(Sasaki et al., 2000; Lebuffe et al., 2003)*.

Enfin, l'activation des PKC et des MAPK a été observée essentiellement dans des protocoles de cardioprotection dans lesquels une augmentation de production radicalaire s'avère bénéfique.

III. **La cardioprotection**

Les différents protocoles de protection du myocarde contre les dérèglements fonctionnels et les changements structurels provoqués par l'ischémie et la reperfusion sont indiqués sur la figure 6.

> **Protéction contre les dommages liés à l'ischémie-reperfusion**
>
> - **Reperfusion contrôlée** (ions, substrats, osmolarité, O_2, « postconditionnement »)
> - **Antioxydants** (piégeurs de ROS/RNS)
> - **Inhibition d'échanges de cations** (NHE) ou **d'anion** (HCO_3^-)
> - **Antagonistes des canaux calciques** (réduction de la surcharge en Ca^{2+})
> - **Ouverture des canaux K_{ATP} mitochondriaux**
>
> - **Préconditionnement ischémique:**
>   courtes périodes d'ischémie (protection précoce ou tardive)
>   pacing rapide
>
> - **Préconditionnement non-ischémique:**
>   pharmacologique (adénine, opiacés, bradykinine, NO, anesthésiques volatils)
>   pacing à fréquence physiologique

Figure 6 : Différents protocoles permettent de limiter les dommages causés par l'ischémie-reperfusion.

III.1. *Le préconditionnement ischémique*

En 1986, Murry et coll. *(Murry et al., 1986)* ont découvert que de brefs épisodes d'ischémie, n'entraînant pas de lésions irréversibles, suivis par des épisodes de reperfusion pouvaient rendre le myocarde résistant contre une ischémie prolongée survenant ultérieurement. Dans cette étude, l'exposition de cœurs de chien à quatre épisodes d'occlusion coronaire de cinq minutes suivis de cinq minutes de reperfusion diminue la taille d'infarctus et améliore la récupération de la fonction contractile après une ischémie soutenue de 40 minutes.

Depuis, de très nombreuses études ont montré qu'un préconditionnement ischémique (IPC) était possible dans d'autres espèces et sur des types cellulaires différents. Lors de la reperfusion d'un cœur préconditionné, la taille d'infarctus est diminuée *(Yue et al., 2002; Nozawa et al., 2003; Hausenloy et al., 2004; Rajesh et al., 2004)*, la récupération de la fonction contractile est améliorée *(Babsky et al., 2002; Ala-Rami et al., 2003; Jain et al., 2003; Khaliulin et al., 2004; Rajesh et al., 2004; Wakahara et al., 2004)* et l'incidence des arythmies est diminuée *(Ala-Rami et al., 2003; Driamov et al., 2004; Rajesh et al., 2004)*.

La protection apportée par ce protocole est double, d'abord à court terme (2 à 4h, première fenêtre de protection) et ensuite à long terme, 24h plus tard (seconde fenêtre de protection). La protection lors de cette phase dite tardive peut durer jusqu'à 72h *(Cohen et al., 2000)*.

Durant un bref épisode d'ischémie, comme lors du préconditionnement ischémique, le myocarde libère de l'adénosine, de la bradykinine et de la noradrénaline. Afin de démontrer l'implication de ces molécules dans l'IPC, des protocoles de préconditionnement pharmacologique ont été développés.

III.2. Le préconditionnement pharmacologique

III.2.a. L'adénosine

Il est bien connu que le myocarde ischémique dégrade rapidement l'ATP en adénosine. Afin de tester l'implication de ce métabolite dans le phénomène de préconditionnement, des agonistes ou antagonistes des récepteurs à l'adénosine ont été utilisés. Il en résulte que le prétraitement par l'adénosine *(Vanden Hoek et al., 2000; Wakeno-Takahashi et al., 2004)* ou un agoniste des récepteurs A1 *(Hausenloy et al., 2004)* protège la fonction contractile et réduit la taille de l'infarctus.

III.2.b. La bradykinine

L'utilisation d'HOE 140, un antagoniste des récepteurs B2 à la bradykinine bloque l'effet protecteur de l'IPC. En parallèle, la bradykinine mime l'effet du préconditionnement ischémique *(Driamov et al., 2004)*.

III.2.c. Les opiacés

Le traitement de cardiomyocytes ventriculaires isolés d'embryon de poulet durant 10 minutes par un agoniste des récepteurs δ des opiacés suivies de 10 minutes de lavage diminue la mort cellulaire et améliore la contraction durant une ischémie-reperfusion *(Zhang et al., 2002)*. Sur un modèle *in vivo* d'infarctus du myocarde chez le rat, la morphine aboutit à une réduction de taille d'infarctus comparable à celle obtenue avec l'IPC *(Schultz et al., 1996)*. Cet effet est bloqué par un antagoniste non sélectif des récepteurs aux opiacés.

III.3. Autres traitements cardioprotecteurs

D'autres protocoles ont été développés afin d'améliorer la récupération post-ischémique du myocarde. L'acétylcholine *(Yao et al., 1999)*, les anesthésiques volatils *(Bouwman et al., 2004; Wakeno-Takahashi et al., 2004; Weber et al., 2005)*, les antagonistes calciques *(Tenthorey et al., 1998; Wang et al., 2004a)*, l'endothéline *(Gourine et al., 2005)*, l'érythropoïétine *(Lipsic et al., 2004)*, la cytokine TNFα *(Lecour et al., 2005)*, l'ouverture des canaux K_{ATP} sarcolemmiques et/ou mitochondriaux *(Dos Santos et al., 2002; Das et Sarkar, 2003a)* ou l'hypoxie chronique *(Vanden Hoek et al., 2000; Ladilov et al., 2002; Fitzpatrick et al., 2005)* permettent une protection comparable à celle obtenue par le préconditionnement ischémique classique. L'inhibition d'échangeurs ioniques tels que le NHE *(Meiltz et al., 1998; Javadov et al., 2005; Park et al., 2005; Yamada et al., 2005)*, le NO endogène *(Shiono et al., 2002)* ou exogène *(Nakano et al., 2000)*, les antioxydants *(Shite et al., 2001)* peuvent également protéger le myocarde contre l'I/R. Enfin, pendant la reperfusion elle-même, de brèves périodes d'ischémie *(Tsang et al.,*

2004; Serviddio et al., 2005) limitent aussi les dommages dus à la reperfusion, phénomène appelé *post*conditionnement.

III.4. Mécanismes impliqués dans la cardioprotection

III.4.a. Rôle des protéines kinases C (PKC)

Différentes molécules capables de préconditionner le cœur (bradykinine, adénosine, opiacés) se fixent sur des récepteurs couplés à des protéines $G_{i/o}$, aboutissant à l'activation et /ou la transduction des protéines kinases C. Les protéines kinases C (PKC) sont des kinases qui phosphorylent les protéines sur des résidus sérine/thréonine. Il en existe trois catégories, selon leurs propriétés d'activation. Les PKC dites conventionnelles (α, β_I, β_{II} et γ) nécessitent, pour être activées, la présence de calcium, de diacylglycérol (DAG) et de phospholipides. Les PKC dites nouvelles (δ, ε, η et θ) ne dépendent pas du calcium pour leur activation. Enfin, les PKC dites atypiques (ζ, ι, λ, et μ) sont indépendantes du calcium, mais également du DAG *(Mackay et Mochly-Rosen, 2001)*.

De nombreuses études ont montrés l'importance des PKC dans plusieurs modèles de cardioprotection. En effet, le phorbol 12-myristate 13-acétate (PMA), un activateur de PKC, en lieu et place du préconditionnement ischémique ou durant l'ischémie-reperfusion, diminue l'apoptose ou la mort cellulaire de la même manière que l'IPC *(Liu et al., 2002; Lebuffe et al., 2003)*. De plus, le préconditionnement ischémique augmente l'activité de la PKCε *(Liu et al., 2002)*. Au contraire le traitement par un inhibiteur non sélectif des PKC au cours du préconditionnement ou durant l'ischémie-reperfusion abolit les effets protecteurs du préconditionnement ischémique *(Nakano et al., 2000; Lebuffe et al., 2003; Uchiyama et al., 2003)*. De courtes périodes d'ischémie, comparables à celles utilisée lors de l'IPC, augmentent le taux de PKC dans la fraction particulaire, attestant d'une translocation des PKC vers la membrane plasmique *(Nozawa et al., 2003)*. Il a également été montré que l'IPC diminuait la déphosphorylation des jonctions communicantes ("Gap junctions"), diminuant ainsi le ralentissement de la conduction auriculo-ventriculaire observé à la reperfusion *(Jain et al., 2003)*. L'inhibition des PKC abolit cet effet protecteur.

Les différentes isoformes de PKC sont également impliquées dans le préconditionnement pharmacologique. En effet, leur inhibition supprime les effets protecteurs d'un agoniste des récepteurs aux opiacés *(Zhang et al., 2002)*, d'un antagoniste des récepteurs aux benzodiazépines *(Yao et al., 2001; Leducq et al., 2003)* ou d'un agoniste des récepteurs adrénergiques β1 *(Robinet et al., 2005)*. Enfin, la diminution de mort cellulaire par un anesthésique (sévoflurane) est accompagnée d'une translocation de la PKCδ vers le sarcolemme, et le blocage de cette translocation par un inhibiteur spécifique (rottlerine) abolit toute protection *(Bouwman et al., 2004)*.

Ainsi, les protéines kinases C sont impliquées dans la cardioprotection par l'IPC ou le préconditionnement pharmacologique et ce, dans différents modèles. Les isoformes de PKC impliquées dans cette protection varient selon les modèles, certains groupes ayant montré une implication de la PKCε *(Liu et al., 2002; Nozawa et al., 2003; Li et al., 2004; Weber et al., 2005)*, d'autres groupe celle de la PKCδ *(Zhang et al., 2002; Nozawa et al., 2003; Bouwman et al., 2004; Harada et al., 2004)*.

III.4.b. Rôle des Tyrosine Kinases

Les tyrosines kinases phosphorylent les protéines sur des résidus tyrosine. Leur rôle dans la cardioprotection, bien que moins étudié que celui des PKC, a été mis en évidence. Par exemple, un inhibiteur non sélectif des tyrosine kinases (génistéine) peut abolir à la fois les effets protecteurs de l'IPC et ceux du préconditionnement pharmacologique *(Pain et al., 2000)*.

III.4.c. Rôle des MAPK

Les PKC et les tyrosines kinases sont des composantes d'une cascade de plusieurs kinases. Une des cascades importante et très conservée chez les mammifères est la cascade des MAPK (Mitogen Activated Protein Kinase). Les MAPK identifiées dans le myocarde sont ERK (Extracellular Regulated Kinase), et les deux kinases activées par le stress, c-Jun N-terminal Kinase (JNK) et la kinase de 38kDa, p38 MAPK. Chaque MAPK est impliquée dans une voie de signalisation à trois étages : une MAPK kinase kinase (MEKK) qui phosphoryle une MAPK kinase (MKK ou MEK) qui elle-même active une MAPK.

Le préconditionnement par un activateur des canaux K_{ATP} (cf. IV. Les canaux potassiques sensibles à l'ATP) entraîne une augmentation de la phosphorylation de ERK par rapport à un cœur non-préconditionné *(Samavati et al., 2002)*. D'autre part, l'effet protecteur d'un donneur de NO peut être bloqué par l'inhibition de ERK *(Xu et al., 2004)*. L'implication de ERK dans la protection a également été démontrée dans un modèle transgénique : la récupération de la fonction contractile suite à une ischémie de cœurs de souris transgéniques présentant un niveau élevé de la forme phosphorylée de ERK est meilleure que celle de leurs congénères sauvages. Un inhibiteur de MEK, la kinase qui phosphoryle ERK abolit ces différences *(Seubert et al., 2004)*.

JNK semble également impliqué dans la cardioprotection. En effet, l'inhibition de JNK diminue l'apoptose de cardiomyocytes à la reperfusion *(Hreniuk et al., 2001; Ferrandi et al., 2004)* et réduit la taille de l'infarctus chez le rat *(Ferrandi et al., 2004)*.

D'autre part l'implication de p38 MAPK a été démontrée dans différents modèles mais les résultats sont contradictoires. Dans un modèle de ligature coronaire *in vivo* chez le rat, l'activité de p38 MAPK est augmentée à la reperfusion, alors que l'inhibition de p38 MAPK diminue la taille de l'infarctus *(Gao et al., 2002)*. Au contraire, une étude d'infarctus du myocarde chez le porc a montré que l'effet protecteur des préconditionnements ischémique et pharmacologique était aboli par deux inhibiteurs différents de p38 MAPK *(Schulz et al., 2002)*. Le prétraitement d'un cœur de rat isolé par un activateur de p38 MAPK mime la protection induite par le préconditionnement ischémique, cet effet étant aboli par un inhibiteur de p38 MAPK *(Yue et al., 2002)*. Dans ces modèles expérimentaux, l'activation de p38 MAPK semble être nécessaire au préconditionnement ischémique.

Ainsi, les MAPK semblent jouer un rôle important dans les voies de transduction impliquées dans le préconditionnement ischémique. Il a été observé que l'activation des MAPK peut résulter de l'activation des PKC, souvent associée à une production accrue de ROS et/ou RNS *(Cohen et al., 2000)*.

III.4.d. Rôle des radicaux, ROS et RNS

Les radicaux d'oxygène produits lors de la reperfusion ont des effets néfastes sur la fonction contractile, qui peuvent être diminués par l'ajout de SOD, de catalase *(Temsah et al., 1999)*, d'allopurinol, d'inhibiteur de la xanthine oxydase ou de vitamine C *(Saavedra et al., 2002)*. De plus, le peroxyde d'hydrogène augmente l'apoptose de cardiomyocytes néonataux de rat *(Ichinose et al., 2003)*.

Au contraire, Lebuffe et ses collaborateurs ont montré que les radicaux d'oxygène étaient indispensables à la cardioprotection. Le traitement de cardiomyocytes embryonnaire par le peroxyde d'hydrogène apporte la même protection que l'IPC *(Lebuffe et al., 2003)*. De plus, les piégeurs de radicaux (2-N-mercapto-propionyl-glycine (MPG) ou ebselen), abolissent l'effet protecteur du diazoxide, un activateur des canaux potassiques mitochondriaux sensibles à l'ATP (mitoK$_{ATP}$). Le diazoxide mime l'effet du préconditionnement ischémique *(Pain et al., 2000; Lebuffe et al., 2003; Hausenloy et al., 2004; Mizukami et al., 2004)*.

Le piégeur de radicaux MPG est également capable de bloquer la protection apportée par l'IPC *(Tang et al., 2002; Hausenloy et al., 2004)*, l'acétylcholine *(Yao et al., 1999)*, un antagoniste des récepteurs aux benzodiazépines *(Yao et al., 2001)*, un antagoniste des canaux calciques *(Wang et al., 2004a)*, le TNFα *(Lecour et al., 2005)* ou encore un agoniste des récepteurs aux opiacés *(Zhang et al., 2002)*.

De plus, des souris transgéniques invalidées en sous-unité gp91^{phox} de la NAD(P)H oxydase ne peuvent pas être préconditionnées, par manque de production radicalaire. En effet, la production radicalaire induite par l'IPC est absente chez ces souris et est comparable à celle observée chez les souris sauvages préconditionnées traitées par l'antioxydant MPG *(Bell, 2004)*.

Les radicaux d'azote semblent également être importants dans la protection du myocarde. En effet, un donneur de NO (SNAP) mime les effets du préconditionnement *(Nakano et al., 2000)*, alors qu'un inhibiteur non-séléctif des NOS (L-NAME) est capable de bloquer ce dernier *(Lebuffe et al., 2003)*.

Cependant, certaines études montrent au contraire qu'une diminution de production radicalaire est bénéfique. Ainsi, le préconditionnement hypoxique diminuerait la production de ROS à la réoxygénation, et diminuerait la mort cellulaire *(Vanden Hoek et al., 2000)*. D'autres études montrent qu'une diminution de production radicalaire lors de la réoxygénation est bénéfique *(Ozcan et al., 2002; Dzeja et al., 2003; Ferranti et al., 2003)*.

Il semble donc que la production radicalaire soit nécessaire à la cardioprotection. Les préconditionnements ischémique et pharmacologique augmentent la production de ROS, et cette production accrue semble être bénéfique. Le préconditionnement ischémique ou pharmacologique, implique aussi les canaux potassiques sensibles à l'ATP, et leur état d'activation module fortement la production de ROS/RNS.

IV. Les canaux potassiques sensibles à l'ATP (K_{ATP})

Les canaux potassiques sensibles à l'ATP (K_{ATP}) sont des canaux "K^+ inward-rectifying" qui sont inhibés par l'ATP et activés par les nucléotides diphosphates (ADP, GDP). Ils furent découverts par Noma en 1983 dans la membrane externe des cellules musculaires cardiaques *(Noma, 1983)*. Ces canaux furent ensuite identifiés dans nombre de tissus, comme les cellules β-pancréatiques, le système nerveux central, les muscles lisses, les muscles striés et les cellules des tubules rénaux *(Fujita et Kurachi, 2000)*. Les canaux K_{ATP} furent également identifiés sur la membrane interne des mitochondries *(Inoue et al., 1991)* et furent dénommés canaux potassiques mitochondriaux sensibles à l'ATP (**mitoK$_{ATP}$**). Les canaux K_{ATP} présents sur le sarcolemme sont donc devenus les canaux potassiques sarcolemmiques sensibles à l'ATP (**sarcK$_{ATP}$**). Enfin il existe un canal K_{ATP} au niveau du noyau, dont la structure n'est pas encore connue mais qui aurait des propriétés proches de celles du canal sarcolemmique *(Zhuo et al., 2005)*. Le blocage de ces canaux K_{ATP} nucléaires augmenterait le potentiel transmembranaire du noyau, ce qui conduirait à une libération de calcium à partir du noyau. Ce signal calcique nucléaire pourrait aboutir à une phosphorylation du facteur de transcription CREB (cAMP response element binding protein) et moduler l'expression génique.

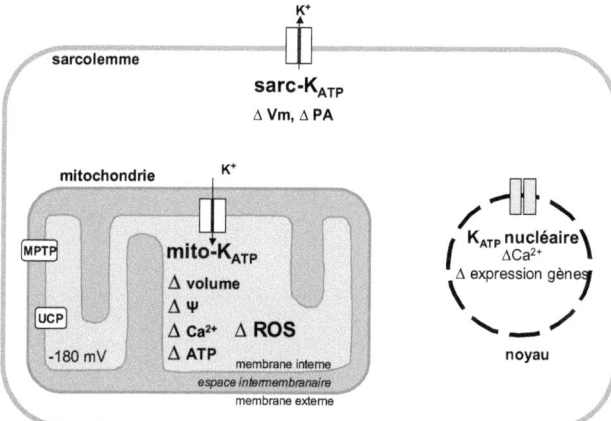

Figure 7 : Les canaux K_{ATP} sont présents dans la membrane sarcoplasmique (sarcK$_{ATP}$), dans la membrane interne de la mitochondrie (mitoK$_{ATP}$) et dans la membrane nucléaire. Les canaux sarcK$_{ATP}$ modulent le potentiel de membrane (Vm) et la durée du potentiel d'action (PA), les canaux mitoK$_{ATP}$ modulent le potentiel de membrane ($\Delta\Psi$), le volume, et les concentrations d'ATP et de calcium dans la mitochondrie. Enfin, le canal nucléaire est responsable du contrôle de la concentration calcique et de l'expression génique. Δ :

variation ; MPTP : pore mitochondrial de perméabilité transitoire ; UCP : protéine découplant.

IV.1. Structure et fonction des canaux K_{ATP} sarcolemmiques (sarcK_{ATP})

Noma a défini ce canal à partir d'une étude électrophysiologique. Ainsi, l'épuisement en ATP de cardiomyocytes de rat et de cochon d'Inde révèle un courant non visible en présence de glucose, dû à un canal unique. La conductance de ce canal est de 21 pS en présence de 5,4 mM K^+ (patch en cellule attachée). Le potentiel d'inversion de ce canal est proche du potentiel d'équilibre du potassium, indiquant la présence d'un canal potassique inconnu. De plus, l'application d'ATP sur la surface interne de la membrane diminue fortement le courant mesuré, cet effet pouvant être inversé facilement. Ces données indiquent que ce canal doit être régulé par l'ATP intracellulaire, être clos quand la cellule a un métabolisme de repos, c'est-à-dire lorsque la concentration en ATP est élevée (*Noma, 1983*).

La structure moléculaire du canal sarcK_{ATP} a depuis été bien étudiée et est clairement définie.

Ce canal est une structure octamérique constituée de quatre sous-unités Kir 6.x ($\underline{K}^+$ $\underline{i}$nward $\underline{r}$ectifying) et de quatre sous-unités SUR (récepteur aux sulfonylurées) (Figure 8). Les sous-unités Kir possèdent deux segments transmembranaires, et leur association en tétramère forme le pore. Leur structure ressemble à celle des deux derniers domaines transmembranaires de la partie C-terminale du canal potassique voltage dépendant (Kv), mais ne possède pas de partie sensible au voltage, et y est donc insensible (*Fujita et Kurachi, 2000*). Il semblerait que l'ATP puisse se lier directement sur les sous-unités Kir et ainsi fermer le pore (*Enkvetchakul et Nichols, 2003*). Il existe deux sous-unités Kir pouvant former un canal K_{ATP} : Kir 6.1 et Kir 6.2.

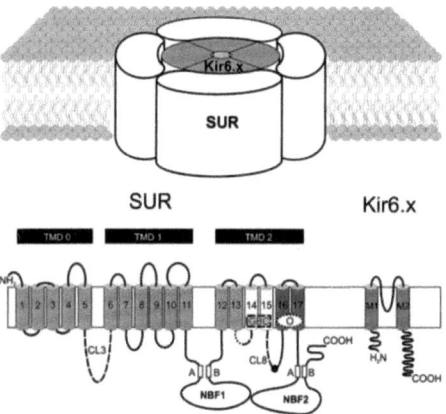

Figure 8 : Structure des canaux K_{ATP} et leurs sous-unités. CL : boucle cytosolique, NBF : site de liaison des nucléotides *(Quast et al., 2004)*.

Les sous-unités SUR sont les sous-unités régulatrices. Elles sont constituées de 17 segments transmembranaires, groupés en 3 domaines transmembranaires (TMD)(*Zaugg et Schaub, 2003*), et deux domaines de liaison aux nucléotides (NBF). Le récepteur aux sulfonylurées est un membre de la famille des transporteurs de cassette de liaison à l'ATP (ATP binding cassette, ABC). Bien qu'il possède tous les domaines nécessaires pour le transport, SUR est un transporteur ABC sans activité de transport. Il semblerait que sa seule activité soit de réguler l'ouverture et la fermeture du canal K_{ATP} *(Moreau et al., 2005)*. Cependant, une activité ATPasique de ces sous-unités a pu être démontrée et jouerait un rôle dans la régulation du canal K_{ATP} *(Bienengraeber et al., 2000)*. En effet, cette activité ATPasique est dépendante de la concentration intracellulaire en ATP, et est inhibée en absence de magnésium. De plus, les activateurs de canaux potassiques augmentent l'activité ATPasique des SUR, et l'ouverture du canal. Mais cet effet est inexistant si l'ADP, produit par l'hydrolyse de l'ATP, est utilisé par la créatine kinase. La régulation par les SUR dépend donc de l'équilibre des concentrations respectives d'ATP et d'ADP. Il existe trois isoformes de récepteurs aux sulfonylurées, codées par deux gènes différents : SUR1 et SUR2, ce dernier pouvant être épissé en SUR2A et SUR2B.

Les canaux sarcK$_{ATP}$ sont donc constitués de 4 sous-unités Kir 6.x identiques et de 4 sous-unités SUR identiques. La composition moléculaire exacte des canaux sarcK$_{ATP}$, et par conséquent leur régulation, varie selon les organes. Ainsi, dans les cellules β pancréatiques, les canaux sarcK$_{ATP}$ sont constituées des sous-unités régulatrices SUR1 et des sous-unités Kir 6.2. Les canaux sarcK$_{ATP}$ sont constitués de SUR2A et Kir 6.2 dans les myocytes cardiaques et squelettiques, et de SUR2B et Kir 6.1 dans le muscle lisse vasculaires, et de SUR2B et Kir 6.2 dans les muscles lisses non vasculaires *(Zhuo et al., 2005)*.

Dans le pancréas, les canaux sarcK$_{ATP}$ sont impliqués dans la régulation de la libération d'insuline. En effet, le glucose entre dans les cellules β du pancréas par les transporteurs Glut2. La glycolyse et le métabolisme mitochondrial vont aboutir à une augmentation de la concentration d'ATP intracellulaire et un changement du rapport ATP/ADP. Ces changements vont conduire à la fermeture des canaux sarcK$_{ATP}$. Il en découle une dépolarisation qui va permettre une ouverture des canaux calciques voltage-dépendants. L'entrée de calcium va entraîner une exocytose des granules d'insuline *(Quast et al., 2004; Tarasov et al., 2004)*. Les sulfonylurées, tels que le glibenclamide ou le tolbutamide sont d'ailleurs des antidiabétiques qui bloquent les canaux sarcK$_{ATP}$, et ainsi stimulent la sécrétion d'insuline.

Les sarcK$_{ATP}$ sont également impliqués dans l'assimilation du glucose dans les muscles squelettiques, de l'excitabilité des neurones et des muscles squelettique et cardiaque, et dans le recyclage du potassium dans l'épithélium rénal *(Zaugg et Schaub, 2003)*.

Au niveau cardiaque, l'ouverture des canaux sarcK$_{ATP}$ conduit au raccourcissement de la dépolarisation. Le raccourcissement du potentiel d'action a longtemps été une hypothèse pour expliquer l'effet protecteur de l'ouverture des canaux K_{ATP}, mais cette hypothèse est maintenant fortement débattue et controversée.

IV.2. Pharmacologie des canaux K_{ATP}

Du fait de leur structure variée, les canaux sarcK_{ATP} des divers organes possèdent des affinités différentes pour les activateurs et inhibiteurs connus (Figure 9). Ainsi, les canaux K_{ATP} du plasmalemme des cellules β pancréatiques peuvent être activés par le diazoxide (EC_{50} = 20-100μM), mais peu par le pinacidil (EC_{50} > 500μM). Au contraire, dans le cœur, le pinacidil permet l'ouverture des canaux sarcK_{ATP} (EC_{50} = 10-30μM), alors que le diazoxide en est incapable. Enfin, les deux agents sont capables d'ouvrir les canaux de la musculature lisse (EC_{50} = 0,5μM pour le pinacidil et 40μM pour le diazoxide ; *Fujita et Kurachi, 2000)*. Ainsi, le diazoxide est le seul activateur des canaux K_{ATP} capable de se lier aux sous-unités SUR1, présents sur les cellules β du pancréas mais n'a pas d'effet sur les SUR2A présents dans le cœur. Sa liaison est également possible sur les SUR2B des muscles lisses, et explique son effet antihypertenseur *(Moreau et al., 2005)*. Les propriétés des canaux sarcK_{ATP} peuvent même varier dans le même organe. Ainsi, Poitry et coll. ont démontré que l'EC_{50} pour le diazoxide était plus faible dans l'oreillette que dans le ventricule (EC_{50} = 0,13μM et 3,1μM, respectivement). Les cardiomyocytes auriculaires "patchés" en présence d'un protonophore sont capables de répondre au diazoxide (EC_{50} = 129μM) alors que les myocytes ventriculaires ne le sont pas (EC_{50}>2500μM ; *Poitry et al., 2003)*. Enfin, nicorandil et cromakalim activent à la fois les canaux K_{ATP} sarcolemmiques et mitochondriaux *(Moreau et al., 2005)*.

Les sulfonylurées, dont le glibenclamide et le tolbutamide, bloquent les canaux K_{ATP} des cellules pancréatiques, avec une IC_{50} de 5 à 30nM et 5 à 20nM, respectivement. Le blocage de récepteurs cardiaques nécessite 5nM de glibenclamide, mais 400μM de tolbutamide sont nécessaires pour le même effet.

Ces substances sont non-sélectives, et bloquent les canaux sarc- et mitoK$_{ATP}$. Par contre, le HMR 1098 (Aventis) est un inhibiteur sélectif des K$_{ATP}$ sarcolemmiques.

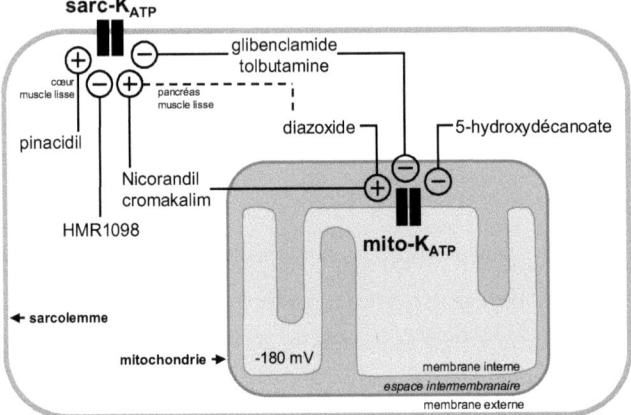

Figure 9 : Pharmacologie des canaux K$_{ATP}$ mitochondriaux et sarcolemmiques. L'activation des canaux est symbolisée par un +, l'inhibition par un -.

IV.3. Structure et fonction des canaux K$_{ATP}$ mitochondriaux (mitoK$_{ATP}$)

Les canaux K$_{ATP}$ mitochondriaux ont été découverts en 1991 par Inoue *(Inoue et al., 1991)*. De nombreuses études ont permis de caractériser la structure et la fonction de ces canaux, mais leur clonage n'a toujours pas été réalisé.

IV.3.a. Evidences supportant l'existence des canaux mitoK$_{ATP}$

- ***Enregistrements électrophysiologiques de l'activité du canal mitochondrial***

En 1991, Inoue et coll. réalisèrent du patch clamp sur des mitoplastes (mitochondries dégagées de leur membrane externe) préparées à partir de mitochondries de foie. Un courant potassique fut identifié, et inhibé par l'application d'ATP du côté matriciel de la membrane. Ce courant est également bloqué par l'inhibiteur de canaux potassique, 4-aminopyridine. De plus, les propriétés du canal ressemblent à celles du canal sarcK$_{ATP}$, avec une conductance de 10pS (100 mM K$^+$ cytosolique, et 33 mM K$^+$ matriciel). Ce canal est en plus inhibé par le sulfonylurée glibenclamide *(Inoue et al., 1991)*.

Les études suivantes furent réalisées sur des membranes ou bicouches lipidiques reconstituées à partir de mitochondries purifiées. Ainsi, dans des bicouches lipidiques, l'ajout d'ATP lié au magnésium (MgATP) diminue fortement la conductance du canal *(Grigoriev et al., 1999)*. Zhang et coll. ont observé une activité K$^+$-sélective sur des bicouches lipidiques reconstituées à partir de cœur de bœuf *(Zhang et al., 2001)*. De nouveau, un courant potassique a été révélé. Les canaux sont inactivés de manière dose-dépendante par le MgATP appliqué du côté correspondant à la matrice mitochondriale, mais pas lorsque l'ATP est appliqué du côté cytosolique. De plus, le blocage sélectif des canaux mitoK$_{ATP}$ par le 5-hydroxydécanoate (5-HD) inactive le courant K$^+$. Le glibenclamide, antagoniste non-sélectif des canaux K$_{ATP}$, a le même effet et ces canaux sont réactivés par le diazoxide. L'antagoniste sélectif des canaux sarcK$_{ATP}$, le HMR-1098 n'a aucun effet *(Zhang et al., 2001)*.

L'effet des radicaux a également été étudié. L'addition de xanthine/xanthine oxydase, producteur de O$_2^{\cdot-}$ côté *cis* entraîne une activation rapide des canaux et cet effet est aboli par le 5-HD *(Zhang et al., 2001)*. Ces résultats sont en accord avec ceux de Griegoriev et coll. qui ont observé qu'un donneur d'électrons activait le canal, alors qu'un accepteur d'électrons le désactivait *(Grigoriev et al., 1999)*.

- ***Mesure du flux K$^+$ mitochondrial***

Dans leur travaux, Garlid et coll. *(Paucek et al., 1992; Garlid et al., 1996; Paucek et al., 1996; Garlid et al., 1997; Yarov-Yarovoy et al., 1997)* ont mesuré le flux de K$^+$ dans des protéoliposomes reconstitués à partir de mitochondries de foie de rat, et l'ont comparé à celui de protéoliposomes contenant les canaux sarcK$_{ATP}$ de cœur de boeuf. Le diazoxide active 2000 fois plus le canal mitochondrial que le canal sarcolemmique ($K_{1/2}$ 0,4 µM et $K_{1/2}$ 855 µM respectivement). D'autres activateurs des canaux K_{ATP} (cromakalim et EMD60480) augmente le flux potassique sur des protéoliposomes. Des résultats comparables ont été observés avec des mitochondries intactes. Cependant, parmi les activateurs de canaux K_{ATP}, seul le diazoxide montre une forte différence d'affinité entre les deux types de canaux *(Garlid et al., 1996)*.

- ***Identification des sous-unités***

De nombreuses études ont tenté d'identifier et de localiser les différentes sous-unités Kir et SUR composant le canal K_{ATP} mitochondrial. Ainsi Suzuki et coll. ont examiné la localisation de Kir6.1 dans des cellules de muscle et de foie de rat. Des anticorps anti-Kir6.1 ont reconnu une bande de 51 kDa dans les deux tissus, cette bande étant beaucoup plus intense dans la fraction mitochondriale. De plus, le marquage de coupe de tissu démontrait une co-localisation de Kir6.1 et de la sous-unité IV de la cytochrome C oxydase, marqueur mitochondrial. Ce marquage a été confirmé par marquage immunogold : des particules d'or se retrouvent bien au niveau de la membrane interne de la mitochondrie *(Suzuki et al., 1997)*. De même, Zhou et coll. ont localisé la sous-unité Kir6.1 dans la membrane interne de mitochondries du système nerveux central *(Zhou et al., 1999)*. Les sous-unités Kir6.1 furent également trouvées dans des cardiomyocytes ventriculaires de rat, alors qu'aucune sous-unité SUR n'a été identifiée *(Singh et al., 2003)*.

Enfin, Lacza et coll. ont démontré dans des neurones *(Lacza et al., 2003a)* et dans des cardiomyocytes *(Lacza et al., 2003b)* la présence à la fois de Kir6.1 et de SUR. En effet, Kir6.1 est présente dans les cellules, et est enrichie dans la fraction mitochondriale. Dans les neurones, SUR 2 a également été localisée dans la membrane interne des mitochondries. Dans les cardiomyocytes, une bande est reconnue par les anticorps anti-SUR2, est enrichie dans les mitochondries, mais ne correspond pas à la taille attendue de SUR2. Aussi, les auteurs pensent que cette protéine est un épissage de SUR2. En effet, il existe une séquence de transfert entre les acides aminés 232 et 238 mais pas en N-terminal de la protéine. De plus, dans les deux types cellulaires testés, le glibenclamide diminue la fluorescence du MitoFluorRed. Cet effet est inversé par le diazoxide, indiquant que le canal mitoK$_{ATP}$ est fonctionnel.

Alors que le marquage Kir6.1 est positif au niveau de la mitochondrie, la transfection des cellules avec un dominant négatif de Kir6.1 n'a pas d'effet sur la modulation du potentiel redox de la matrice mitochondriale par le diazoxide. Les auteurs en déduisent donc que Kir6.1 ne participe pas à la structure du canal mitoK$_{ATP}$ *(Seharaseyon et al., 2000)*. Récemment, il a été montré, à partir de mitochondries de foie de rat, qu'un complexe multi-protéique contenant la succinate déshydrogénase conférait une activité de transport de potassium *(Ardehali et al., 2004)*.

Bien qu'il n'y ait pas, jusqu'à ce jour, de consensus sur la composition des canaux mitoK$_{ATP}$, il semble ressortir de ces études 1) qu'il existe un canal fonctionnel sur la mitochondrie qui module la fonction et le potentiel mitochondriaux, 2) que ce canal est modulé par l'ATP, les activateurs des canaux K$_{ATP}$, et bloqué par le glibenclamide et le 5-HD et, 3) que Kir6.1 semble être une composante de ce canal, alors qu'aucune sous-unité SUR connue n'ait pu être formellement identifiée, ou le canal cloné.

IV.3.b. Fonction des canaux mitoK$_{ATP}$

En cas d'épuisement en ATP lors de l'ischémie, l'activation des canaux mitoK$_{ATP}$ semble découpler partiellement la chaîne respiratoire et accélérer le transport des électrons, maintenant ainsi les transporteurs proximaux d'électrons (Complexes I à III) dans un état oxydé. Cela pourrait favoriser la synthèse d'ATP dès que les conditions cellulaires redeviennent favorables *(Zhuo et al., 2005)*.

IV.4. Canaux K_{ATP} et cardioprotection

L'implication des canaux K_{ATP} dans le préconditionnement ischémique a pu être mis en évidence grâce à l'utilisation de bloqueurs des canaux K_{ATP}. En effet, l'inhibiteur non-sélectif, glibenclamide ou l'inhibiteur sélectif des canaux mitoK_{ATP}, le 5-HD abolissent la protection procurée par le préconditionnement ischémique *(Pain et al., 2000; Driamov et al., 2004)*. Les deux composés sont capables de bloquer l'effet protecteur de l'IPC *(Pain et al., 2000)*, mais le 5-HD suffit à abolir la protection cardiaque *(Fryer et al., 2000; Vanden Hoek et al., 2000; Minners et al., 2001; Lebuffe et al., 2003)*.

De nombreuses études ont montré que les activateurs des canaux K_{ATP} pouvaient mimer l'effet du préconditionnement ischémique *(Ala-Rami et al., 2003; Das et Sarkar, 2003b; Das et Sarkar, 2003a; Feng et al., 2003; Gross et al., 2003)*. Les agents utilisés, nicorandil et pinacidil, entraînent également une diminution de la durée du potentiel d'action. Cet effet a longtemps été considéré comme étant responsable de l'amélioration fonctionnelle (antiarythmique) due à l'ouverture des canaux K_{ATP} *(Cohen et al., 2000; Garlid et al., 2003)*. Cependant, le diazoxide, qui n'entraîne pas de raccourcissement de la durée du potentiel d'action, apporte une protection contre l'ischémie-reperfusion. Dès lors, des doutes apparaissaient quant à l'hypothèse d'une protection due au raccourcissement du potentiel d'action cardiaque.

Les effets protecteurs des préconditionnements ischémique *(Fryer et al., 2000)* et pharmacologique induit par l'adénosine *(Wakeno-Takahashi et al., 2004)*, le NO *(Xu et al., 2004)* ou un anesthésique volatil (sévoflurane)*(Bouwman et al., 2004)* sont abolis par l'inhibition des canaux mitoK_{ATP}. Ce blocage abolit également la protection procurée par l'hypoxie chronique *(Fitzpatrick et al., 2005)*, et supprime la seconde fenêtre de protection *(Ockaili et al., 1999)*.

La protection par ouverture des canaux mitoK_{ATP} nécessite, comme l'IPC, une augmentation de la production de radicaux. En effet, le prétraitement, avant l'ischémie, par le diazoxide ou d'autres activateurs des canaux K_{ATP}, augmente la production de radicaux *(Carroll et al., 2001; Forbes et al., 2001; Krenz et al., 2002; Samavati et al., 2002; Oldenburg et al., 2003)*, mais diminue la production radicalaire à la réoxygénation *(Ozcan et al., 2002; Ferranti et al., 2003)*. Un piégeur de radicaux, tel que le MPG, abolit la protection par le diazoxide *(Carroll et al., 2001; Krenz et al., 2002; Eaton et al., 2005)*. Il en est de même pour le 5-HD *(Carroll et al., 2001; Minners et al., 2001; Tsuchida et al., 2002)*, confirmant le rôle important des canaux mitochondriaux et non celui des canaux du sarcolemme. L'ouverture des canaux mitoK_{ATP} peut donc être utilisée comme préconditionnement pharmacologique. Cette protection est non seulement possible par l'application d'activateurs des canaux K_{ATP} avant et durant l'ischémie *(Murata et al., 2001; Moon et al., 2004)*, mais aussi tout au long du protocole d'ischémie-reperfusion *(Dos Santos et al., 2002; Das et Sarkar, 2003b)*.

Durant l'ischémie, l'ouverture des canaux mitoK_{ATP} diminue la chute de concentration d'ATP *(Rousou et al., 2004; Wakahara et al., 2004)*, préserve le potentiel mitochondrial *(Eliseev et al., 2004)* et diminue la surcharge calcique *(Murata et al., 2001; Rousou et al., 2004; Eaton et al., 2005)*.

Ainsi, un des mécanisme proposé pour expliquer la protection apportée par l'ouverture des canaux mitoK_{ATP} est le suivant : l'entrée de potassium dans la mitochondrie, consécutive à l'ouverture des canaux K_{ATP} en normoxie, entraîne un gonflement et une alcalinisation de la matrice mitochondriale. Cette augmentation de potassium va augmenter la production radicalaire (le mécanisme de cette production n'est actuellement pas connu). Les radicaux ainsi produits vont pouvoir activer certaines kinases impliquées dans des voies de signalisation intracellulaires protectrices (cf. II.4.c. <u>Rôle physiologique des radicaux dans la signalisation cellulaire</u>).

Durant l'ischémie, l'activation constante des canaux mitoK_{ATP} permet de compenser la diminution d'entrée d'ion K^+ dans la mitochondrie, et donc d'éviter la contraction de la matrice mitochondriale. Ce phénomène permettrait ainsi de maintenir en contact la créatine kinase mitochondriale (Mi-CK), le canal anionique voltage-dépendant (VDAC) et le transporteur d'ATP/ADP (ANT) *(Garlid, 2000; Dos Santos et al., 2002)*. Le maintien de cette structure supramoléculaire permettrait de limiter les pertes de nucléotides (adénines nucléotides et ADP), qui sont utilisés à la reperfusion.

Le rôle des canaux sarcK_{ATP} dans l'ischémie-reperfusion a été réexaminé par l'utilisation de souris invalidées en sous-unité Kir6.2 (KO Kir6.2), formant le canal sarcK_{ATP} cardiaque *(Suzuki et al., 2003)*. La contracture est plus grande durant l'ischémie et la récupération des souris KO est ralentie à la reperfusion. Ces résultats diffèrent beaucoup de ceux trouvés chez les souris sauvages et ressemblent à l'effet du blocage des canaux sarcK_{ATP} par le HMR 1098. Ceci suggère une implication importante des canaux sarcK_{ATP} chez la souris. Cependant, le HMR1098 n'a pas d'effet chez le rat *(Fryer et al., 2000)*, ou le chien *(Vereckei et al., 2004)*. L'effet observé chez la souris pourrait être dû à une dépendance plus grande vis-à-vis des canaux sarcK_{ATP} pour moduler la durée du potentiel d'action du fait de la fréquence cardiaque très élevée dans le modèle murin (environ 350-500 bpm au repos et jusqu'à 800 bpm sous stress) *(O'Rourke, 2004)*.

Ainsi, l'implication des canaux K_{ATP} dans la protection cardiaque fait l'unanimité. Cependant, en l'absence de preuves directes par clonage des canaux K_{ATP} mitochondriaux, certains auteurs doutent de l'existence et donc de l'implication de ces canaux dans la cardioprotection *(Hanley et Daut, 2005)*. De nombreuses études ont pu montrer, par l'utilisation du diazoxide et du 5-HD, l'implication des canaux mitoK_{ATP} dans la cardioprotection. Néanmoins, ces deux substances pourraient avoir des effets non-spécifiques. Le diazoxide inhiberait la succinate déshydrogénase (SDH), alors que le 5-HD interagirait avec l'oxydation des acides gras *(O'Rourke, 2004)*. Mais les effets du diazoxide sur la SDH ne semblent pas jouer un rôle dans l'effet protecteur de cette substance. L'inhibition de SDH par le diazoxide n'est pas saturable, et la courbe dose-réponse ne correspond pas à celle qui est protectrice *(Schafer et al., 1971)*. De plus, certains activateurs des canaux K_{ATP} (pinacidil et cromakalim) ont un effet protecteur sans action sur la SDH et le glibenclamide n'inverse pas l'inhibition de la SDH *(Portenhauser et al., 1971)*.

En résumé, la majorité des études va dans le sens de l'hypothèse actuelle, cependant controversée, qui veut que la protection apportée par les activateurs de canaux K_{ATP} soit due essentiellement aux canaux mitochondriaux et peu aux canaux sarcolemmiques.

V. **Caractéristiques du cœur embryonnaire de poulet**

Il existe des différences et des similitudes entre le myocarde immature et le myocarde adulte, et ce chapitre a pour but d'en présenter quelques unes.

V.1. Cardiogenèse

Au cours du développement, la cardiogenèse est caractérisée par une activité morphogénétique intense, associée à une croissance rapide de l'embryon et de son réseau vasculaire intra et extra-embryonnaire. Durant cette période, les cardiomyocytes se divisent et se différencient, et l'activité apoptotique est normalement élevée (*Manner, 2000*).
Le cœur embryonnaire commence très tôt à battre spontanément (stade 9 somites ; *Tohse et al., 1998*) et l'impulsion électrique d'origine sino-auriculaire se propage le long du tube cardiaque. Pourtant, bien que les jonctions communicantes soient fonctionnelles dès que le cœur se contracte (*Veenstra, 1991*) et la connexine 43 (Cx 43) exprimée dès le stade 5HH *(Wiens et al., 1995)*, aucun tissu cardionecteur différencié n'existe dans les premiers stades de développement. L'ECG fœtal présente cependant des composantes comparables à celui de l'adulte, à savoir une onde P, un complexe QRS et une onde T *(Paff et al., 1968; Paff et Boucek, 1975; Rosa et al., 2003)*. Il n'existe pas d'innervation ortho- et parasympathique

intrinsèques dans le myocarde immature jusqu'au 16ème jour du développement (*Tazawa et Hou, 1997*).

V.2. Métabolisme énergétique

Le métabolisme oxydatif du myocarde embryonnaire est plus faible que celui du cœur adulte, et le substrat oxydable est essentiellement le glucose et non les acides gras libres comme dans le tissu cardiaque adulte *(Lopaschuk et al., 1992)*. La production aérobie de lactate est 6 fois supérieure à celle du tissu adulte *(Romano et al., 2001)* et le myocarde embryonnaire contient 10 à 20 fois plus de glycogène que le myocarde adulte *(Lopaschuk et al., 1992)*. Enfin, l'étirement du tissu cardiaque est un déterminant important de la consommation d'oxygène du muscle cardiaque embryonnaire *(Romano et al., 2001)*.

V.3. Canaux et transporteurs

Les canaux HCN (<u>h</u>yperpolarization-activated, <u>c</u>yclic <u>n</u>ucleotide-gated cation), responsables du courant I$_f$ impliqué dans la fonction pacemaker, sont exprimés très tôt dans la cardiogenèse *(Stieber et al., 2003)*. De plus, les composants responsables du couplage excitation-contraction, à savoir les canaux calciques de type L, la pompe SERCA et les canaux couplés aux récepteurs à ryanodine (RyR), sont présents et fonctionnels durant le développement, mais la contribution du calcium extracellulaire est plus importante pour la contraction dans le tissu cardiaque embryonnaire que dans le cœur adulte *(Tenthorey et al., 1998)*.

La résistance à l'acidose du cœur immature est plus importante que celle du cœur adulte et la régulation du pH dépend essentiellement des transporteurs de bicarbonate dans le cœur de l'embryon *(Meiltz et al., 1998)*, alors que le NHE1 joue un rôle prédominant dans le myocarde adulte *(Allen et Xiao, 2003; Javadov et al., 2005)*

V.4. Réponse à l'ischémie-reperfusion

Bien que le cœur embryonnaire se développe normalement dans un environnement pauvre en oxygène, il répond rapidement à une hypoxie. En dessous de 4kPa d'oxygène (30mmHg), les premiers effets chronotropes et inotropes apparaissent, le ventricule étant plus sensible à l'anoxie que l'oreillette *(Raddatz et al., 1997)*. De plus, la réoxygénation entraîne un arrêt transitoire de l'activité cardiaque suivi d'une période d'arythmies et de sidération myocardique. Tout comme chez l'adulte, le manque et la réadmission de l'oxygène se traduit par une surcharge calcique *(Tenthorey et al., 1998)*, et un gonflement réversible des mitochondries et du noyau *(Sedmera et al., 2002)*. Le cœur embryonnaire soumis à l'anoxie-réoxygénation produit du NO, essentiellement par la iNOS *(Terrand et al., 2003)*, et des radicaux à la réoxygénation *(Raddatz et Rochat, 2002)*. Alors que la présence de glucose est arythmogène et prolonge l'activité en anoxie, l'absence de substrat améliore la récupération fonctionnelle postanoxique *(Tran et al., 1996)*.

V.5. Cardioprotection du cœur immature

La succession de cycles courts d'anoxie-réoxygénation (1 min d'anoxie suivie de 4 min de réoxygénation) accentue la tachycardie transitoire à l'anoxie, aggrave la contracture, et augmente l'incidence des arythmies *(Tenthorey et al., 1998)*. Il semble donc que, contrairement au cœur adulte, le cœur embryonnaire ne soit pas préconditionnable par l'ischémie. Cependant, il est possible de protéger ce cœur par d'autres moyens. Ainsi, 12 heures de pacing à fréquence physiologique permettent au cœur de mieux tolérer un épisode d'anoxie-réoxygénation *(Rosa et al., 2003)*, ce qui se traduit par un remodelage myocardique structurel *(Lyon et al., 2001)* et métabolique *(Rosa et al., 2003)* similaire à celui observé chez l'adulte *(van Oosterhout et al., 2001; Vanagt et al., 2005)*. L'érythropoïétine *(Lecoultre et al., 2004)*, l'inhibition des canaux calciques de type L *(Tenthorey et al., 1998)* ainsi que le NO endogène et exogène *(Terrand et al., 2003)* améliorent également la récupération postanoxique de la fonction contractile du coeur.

OBJECTIFS DU TRAVAIL

Au cours de la gestation, toute dégradation de l'environnement intra-utérin peut être à l'origine de cardiopathies congénitales qui concernent environ 8 naissances sur 1000 (*Kelly, 2002*). En particulier, les perturbations cardiovasculaires pendant les périodes embryonnaires et fœtales peuvent favoriser l'apparition de cardiopathies à l'âge adulte. Cela correspond à une mémoire du cœur fœtal, ou programmation fœtale ("fetal programming")(*Lau et Rogers, 2004*). Il est donc important de mieux comprendre les mécanismes de réponse et d'adaptation du cœur immature à une hypoxie afin d'améliorer les stratégies thérapeutiques. Malgré les progrès récents de la cardiologie et la chirurgie fœtales et périnatales, les mécanismes qui sous-tendent les perturbations fonctionnelles survenant lors d'une ischémie intermittente ou prolongée, due, par exemple, à une torsion du cordon ombilical ou une anomalie placentaire sont encore mal connus.

Ce travail de recherche comporte quatre volets.

I. Caractérisation de l'ECG et des arythmies dans le cœur fœtal

Le cœur embryonnaire répond très rapidement au manque d'oxygène par des perturbations électriques, contractiles et métaboliques *(Tran et al., 1996; Raddatz et al., 1997; Tenthorey et al., 1998; Romano et al., 2001; Sedmera et al., 2002; Rosa et al., 2003)*. Malgré les nouvelles techniques permettant l'enregistrement de l'ECG du fœtus (*Assaleh et Al-Nashash, 2005*), les arythmies n'ont pas été systématiquement caractérisées dans le cœur embryonnaire soumis à une hypoxie suivie d'une réoxygénation.

La première phase de ce travail a donc été de caractériser précisément l'ECG embryonnaire, de décrire les arythmies déclenchées par un épisode d'anoxie suivi d'une réoxygénation strictement contrôlées et d'en établir le profil temporel. En outre, des oreillettes, des ventricules et des conotroncus ont été isolés et soumis séparément au même protocole expérimental, afin de déterminer si ces parties du cœur répondaient à une anoxie transitoire de manière comparable et ainsi connaître la contribution respective de chacune des chambres cardiaques aux perturbations observées dans le cœur entier.

II. Effet du NO sur le couplage excitation-contraction (E-C)

Le couplage électromécanique des cardiomyocytes est très sensible au manque d'oxygène et à sa réintroduction, puisque la récupération électrique semble être plus rapide que la récupération mécanique *(Louch et al., 2002)*. D'autre part, le couplage excitation-contraction (E-C) peut être affecté par le monoxyde d'azote (NO) qui joue un rôle important dans l'homéostasie calcique. Le NO peut être bénéfique ou délétère selon sa concentration *(Cotton et al., 2002)*. Dans le myocarde embryonnaire, du NO est produit essentiellement par la iNOS en réponse à l'anoxie-réoxygénation *(Terrand et al., 2003)*. Le but de cette étude était donc d'étudier l'effet du NO endogène et exogène sur le délai électromécanique au niveau de l'oreillette et du ventricule du cœur embryonnaire soumis à une anoxie-réoxygénation.

III. Protection par l'activation des canaux K_{ATP} mitochondriaux (mitoK_{ATP})

Les canaux mitoK_{ATP} sont impliqués dans les voies de protection par préconditionnement ischémique ou pharmacologique. En particulier, le prétraitement par un activateur de ces canaux réduit, après une ischémie, la mort de cardiomyocytes adultes *(Carroll et al., 2001; Forbes et al., 2001; Samavati et al., 2002)*, néonataux *(Ichinose et al., 2003)* ou embryonnaires *(Yao et al., 1999; Lebuffe et al., 2003)*. Les voies de signalisation impliquées dans la protection par ouverture des canaux mitoK_{ATP}, semblent impliquer les ROS, les PKC et le NO.

L'ischémie cardiaque entraîne des dommages fonctionnels qui sont aggravés par la reperfusion obligatoire. Dans les cellules embryonnaires, l'activation des canaux mitoK$_{ATP}$ diminue la mort cellulaire induite par l'hypoxie, et cet effet semble impliquer les radicaux d'oxygène et d'azote, de même que les PKC *(Lebuffe et al., 2003)*. Cependant, rien n'est connu quant à l'effet de l'ouverture des canaux mitoK$_{ATP}$ sur la fonction du coeur lors du développement. Nous avons donc voulu savoir dans quelle mesure l'activation des canaux mitoK$_{ATP}$ modulait la production radicalaire et la fonction cardiaque au cours d'une anoxie suivie d'une réoxygénation. Les objectifs de cette étude étaient donc 1) de mesurer la production radicalaire au cours d'un épisode d'anoxie-réoxygénation, 2) d'étudier l'effet d'un activateur des canaux mitoK$_{ATP}$, le diazoxide, sur la production radicalaire et la fonction cardiaque, et 3) d'étudier les voies de transduction impliquées dans la protection apportée par le diazoxide.

IV. **Modulation des MAPK par l'anoxie-réoxygénation**

Les MAPK semblent être impliquées dans la protection du cœur adulte reperfusé *(Michel et al., 2001)*, mais aucune information n'existe concernant le profil d'activation précis des voies de signalisation impliquant les MAPK au cours de l'anoxie-réoxygénation du cœur embryonnaire. Cette dernière partie du travail avait donc pour but de déterminer les activités de ERK et de JNK pendant l'anoxie et la réoxygénation à des intervalles réguliers et de déterminer dans quelle mesure ces activités étaient modulées par l'ouverture des canaux mitoK$_{ATP}$.

MATÉRIEL ET MÉTHODES

I. Montage du cœur *in vitro*

Des œufs fécondés de poules Lohman Brown ont été incubés à 38°C sous 90% d'humidité pendant 96h afin d'obtenir des embryons au stade 24HH selon Hamburger et Hamilton (*Hamburger et Hamilton, 1951*). Après ouverture d'une fenêtre dans la coquille, l'embryon a été délicatement excisé. Le cœur a été explanté sous une loupe binoculaire (x12) en coupant au niveau de l'extrémité du conotroncus et de l'intersection du sinus veineux avec l'oreillette à l'aide de micro-ciseaux. Le cœur a également été découpé en oreillette, ventricule et conotroncus qui battaient spontanément à leur propre rythme.

Le cœur entier ou les parties isolées ont ensuite été placés dans une chambre en acier, spécialement conçue pour cette préparation (Figure 10 et *Raddatz et al., 1997*). Cette chambre était équipée de 2 vitres en quartz permettant l'observation du cœur et les mesures photométriques. Le cœur a été déposé sur la vitre inférieure, dans un milieu de composition définie. Une fine membrane en silicone (15µm d'épaisseur), perméable au gaz (O_2, CO_2, N_2) mais imperméable aux liquides (RTV 141, Rhône-Poulenc, Lyon, France) a été délicatement placée sur le cœur et la chambre a ensuite été fermée par la seconde vitre. Le volume du compartiment inférieur était d'environ 300µl. Le liquide a ensuite été retiré du compartiment supérieur. Après quoi le cœur a été délicatement aplati sous contrôle visuel en réduisant légèrement le volume du milieu de culture à l'aide d'une seringue télécommandée. Dans ces conditions, l'épaisseur de la préparation était environ de 300µm. Le compartiment supérieure permettait le passage de mélange gazeux de composition choisie. A ce stade de développement, le cœur n'est pas encore vascularisé, et les besoins en oxygène sont assurés par diffusion au travers du tissu. La chambre de culture a ensuite été placée dans une enceinte thermostabilisée à

37°C équipant un microscope inversé (IMT2 Olympus, Tokyo, Japon). Le milieu de culture standard était composé, en mmol/L de : 99,25 NaCl; 0,3 NaH_2PO_4; 10 $NaHCO_3$; 4 KCl; 0,79 $MgCl_2$; 0,75 $CaCl_2$; 8 D+glucose. Tous les mélanges de gaz utilisés contenaient 2,31% CO_2 permettant de tamponner ce milieu à pH 7,4.

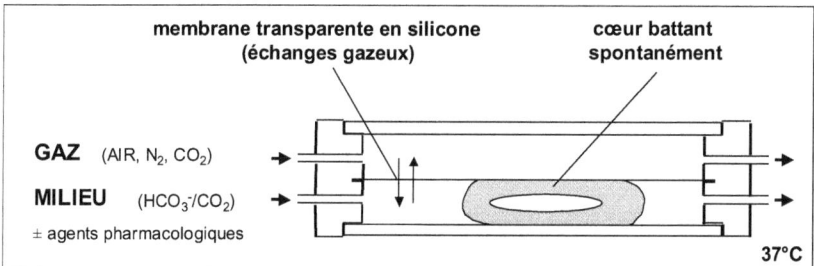

Figure 10 : Schéma de la chambre de culture utilisée pour les mesures fonctionnelles et de fluorescence. Le compartiment inférieur contenant le cœur dans du milieu de culture est séparé du compartiment supérieur par une fine membrane de silicone permettant les échanges gazeux (Modifié de *Raddatz et al., 1997*).

II. Protocole expérimental d'anoxie-réoxygénation

Après 45 minutes de stabilisation (37°C) en normoxie (air + 2,31% CO_2), le cœur ou les différentes chambres cardiaques ont été soumis à 30 minutes d'anoxie (N_2 + 2,31% CO_2), suivies d'une heure de réoxygénation (air + 2,31% CO_2).

III. Activités électrique et contractile

Les activités électrique et contractile ont été enregistrées simultanément tout au long des expériences.

III.1. Enregistrement de l'activité électrique (ECG et électrogramme)

La fonction électrique du coeur ou des différentes chambres cardiaques a été enregistrée à l'aide de deux électrodes (Ag/AgCl) de diamètre 0,625 mm insérées dans la vitre inférieure de la chambre et éloignées l'une de l'autre de 1,2 mm (entraxe). Le cœur a été placé à proximité des électrodes (une proche de l'oreillette, l'autre proche du ventricule ; Figure 11). Les électrodes ont été connectées à un amplificateur (gain=2000), résultant en un signal de 1 à 5V pic à pic. Le signal a ensuite été digitalisé et enregistré par un ordinateur à une fréquence de 250 Hz (Apple Macintoch) ou à haute fréquence (2000 Hz) par le logiciel IOX (EMKA, France).

III.2. Enregistrement de l'activité contractile

La contractilité a été enregistrée grâce à deux phototransistors, placés sur l'image projetée du cœur au niveau de la région sino-auriculaire et au niveau de l'apex du ventricule (Figure 11B). Les phototransistors ont permis d'enregistrer le mouvement du bord de la paroi myocardique au cours du cycle cardiaque. Le signal a été amplifié par un amplificateur logarithmique et transmis au système d'acquisition de l'ordinateur. La distance réelle entre les deux régions étudiées était de $2,3 \pm 0,2$ mm (n=56).

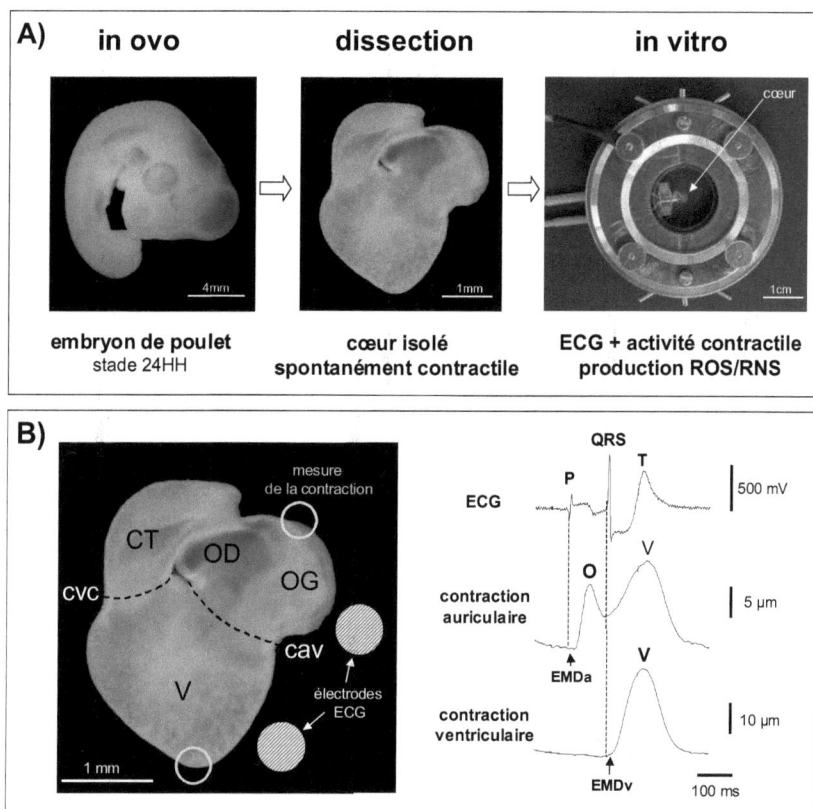

Figure 11 : A) De gauche à droite, embryon de poulet au stade 24HH, cœur isolé et chambre de culture. B) Cœur embryonnaire au stade 24HH monté *in vitro* et enregistrement représentatif de l'activité électrique et contractile. O : oreillette ; OD et OG : oreillette droite et gauche ; V : ventricule ; CT : conotroncus ; cav : canal auriculo-ventriculaire ; cvc : canal ventriculo-conotroncal ; P, QRS et T : ondes P, complexe QRS et onde T de l'ECG ; EMDa et EMDv : délai électromécanique auriculaire et ventriculaire, respectivement. Les pointillés indiquent où les cœurs ont été découpés.

III.3. Mesure des paramètres fonctionnels

III.3.a. Paramètres électriques

L'électrocardiogramme présente une onde P, un complexe QRS et une onde T reconnaissables permettant d'évaluer la fréquence cardiaque (bpm), le délai auriculo-ventriculaire (intervalle PR, ms) et la durée de la dépolarisation ventriculaire (durée du QT, ms). En outre, les différents types d'arythmies et de blocs de conduction auriculo-ventriculaires, ainsi que leur durée ont été analysés. L'analyse de l'ECG a été réalisée manuellement et de manière semi-automatique à l'aide d'un logiciel de reconnaissance de forme (ECG-Auto, EMKA, France).

Les arythmies ont été caractérisées essentiellement selon les définitions utilisées en médecine humaine. *Bradycardie auriculaire:* rythme auriculaire soutenu de fréquence inférieure à 130 bpm; *arrêt auriculaire:* pause auriculaire soudaine de durée variable; *arythmie auriculaire:* systole auriculaire prématurée; *échappement ventriculaire:* plus de 3 complexes avec une dissociation auriculo-ventriculaire (AV); *bloc de 3ème degré*: absence complète et soutenue de conduction AV; *bloc AV n/1:* bloc de second degré soutenu avec un rapport n/1 constant entre l'oreillette et le ventricule durant un rythme auriculaire régulier et non lié à une tachycardie auriculaire; *bloc de second degré:* phénomène de Wenckebach durant un rythme auriculaire régulier non lié à une tachycardie auriculaire avec une prolongation progressive du PR précédant un bloc AV.

Le rapport T/QRS a été calculé en divisant l'amplitude de l'onde T, mesurée de la ligne isoélectrique au sommet de l'onde, par l'amplitude du complexe QRS mesurée du pic de l'onde R au pic de l'onde S.

Une représentation de l'évolution de l'ECG au cours de l'anoxie et de la réoxygénation a été réalisée en superposant les complexes moyens de l'ECG calculés sur 30 secondes, tout au long du protocole, et ce toutes les minutes.

III.3.b. Paramètres contractiles

L'enregistrement simultané des contractions auriculaire et ventriculaire a permis de mesurer les amplitudes des contractions respectives ("shortening", S), les vitesses de contraction et de relaxation, mesurées respectivement au pic positif et négatif de la dérivée du signal (+/- dS/dt, mm/s). Les amplitudes réelles de contraction (S, μm) ont été déterminées sur la base d'enregistrements vidéo réalisés après stabilisation normoxique et à la fin de l'expérience.

La vitesse de propagation auriculo-ventriculaire mécanique moyenne (propagation AV, mm/s) a été calculée en divisant la distance entre l'oreillette et le ventricule par le délai entre la contraction auriculaire et la contraction ventriculaire.

III.3.c. Couplage excitation-contraction

Le délai entre l'activation électrique et l'activation mécanique reflète le couplage excitation-contraction (E-C). Le délai électromécanique de l'oreillette (EMDa) a été mesuré entre l'activation initiale de l'onde P et l'activation mécanique initiale de l'oreillette. De même, le délai électromécanique ventriculaire (EMDv) a été mesuré entre le début du complexe QRS et l'initiation de la contraction ventriculaire.

Tous les paramètres ont été mesurés après 45 minutes de stabilisation normoxique à 37°C et au cours du protocole expérimental d'anoxie-réoxygénation.

IV. **Production radicalaire myocardique**

Principe : La production de radicaux libres a été mesurée en utilisant la sonde intracellulaire non fluorescente 2',7'-dichlorofluorescine (DCFH). La forme diacétate du DCFH (DCFH-DA) peut traverser les membranes biologiques. Ce produit a été dissout dans du méthanol à une concentration de 40mM (aliquots stock) et gardé à -20°C. La solution stock a été dissoute juste avant l'expérience dans le milieu de culture afin d'obtenir une concentration finale de 10μM. A l'intérieur de la cellule, les estérases clivent les groupements acétate du DCFH-DA, ce qui piége le DCFH dans la cellule (*Murrant et Reid, 2001*). Le DCFH est connu pour être oxydé préférentiellement par le peroxyde d'hydrogène H_2O_2 ou le radical hydroxyle $HO^\bullet$ mais peu par l'anion superoxyde $O_2^{\bullet-}$ (*Halliwell et Gutteridge, 1998a*) générant la sonde fluorescente 2',7'-dichlorofluorescéine (DCF). La sonde a été excitée à 490 nm, et la fluorescence émise a été mesurée à 530 ± 3 nm.

Les coeurs isolés ont été chargés avec le DCFH-DA durant environ 30 minutes à température ambiante à l'abri de la lumière. Les cœurs ont ensuite été montés dans la chambre de culture et le milieu renouvelé avec une solution fraîche de DCFH-DA. La chambre a ensuite été placée sur la platine thermostabilisée (37°C) d'un microscope à épifluorescence (Leitz, Allemagne) 15 minutes avant la première mesure. La fluorescence, exprimée en unités arbitraires (u.a.), a été mesurée sur une surface limitée du ventricule (300µm de diamètre) toutes les 30 secondes durant le protocole d'anoxie-réoxygénation (Figure 12).

Afin de minimiser la photo-dégradation ("photobleaching") de la sonde fluorescente, la durée d'illumination a été réduite à 6 ms. La pente du signal de fluorescence en fonction du temps représente la production de radicaux d'oxygène et a été exprimée en unité arbitraire par seconde (u.a/s).

Pour tenir compte des variations interindividuelles de taille et les légères différences de stade de développement des cœurs, l'aire ventriculaire en fin de diastole (mm^2) a été calculée par gravimétrie à partir d'une image vidéo du cœur enregistrée à la fin de l'expérience. Pour ce faire, le contour du cœur ainsi qu'un carré de calibration représentant 0,25 mm^2 réels ont été tracés sur un film transparent. Ce film a ensuite été découpé précisément selon le contour du cœur et au niveau du canal auriculo-ventriculaire et du canal ventriculo-conotroncal, permettant ainsi de calculer les aires des oreillettes, ventricule et conotroncus. Le cœur étant légèrement aplati par la membrane de silicone, la surface totale réelle de la paroi ventriculaire a été estimée en doublant l'aire ainsi obtenue. La densité de protéine de la paroi ventriculaire a été calculée en divisant le contenu protéique du ventricule par l'aire de celui-ci, et exprimée en µg prot./mm^2.

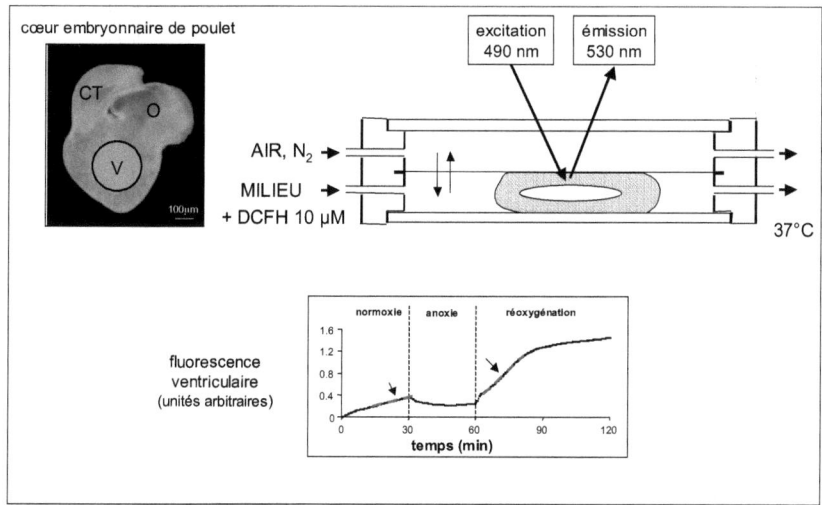

Figure 12 : Mesure localisée de la production radicalaire par la technique du DCFH au cours de l'anoxie-réoxygénation. La zone ventriculaire sur laquelle la fluorescence a été mesurée est symbolisée par le disque vert. La production de radicaux a été évaluée en mesurant la pente préanoxique et à la réoxygénation (flèches) ; O : oreillette ; V : ventricule ; CT : conotroncus.

La production radicalaire mesurée par la technique du DCFH était fortement dépendante de la présence d'oxygène. En effet, alors que la pente du signal de fluorescence, traduisant une production de ROS, était forte en présence de 98% O_2, elle était quasiment nulle en l'absence totale d'oxygène (Figure 13).

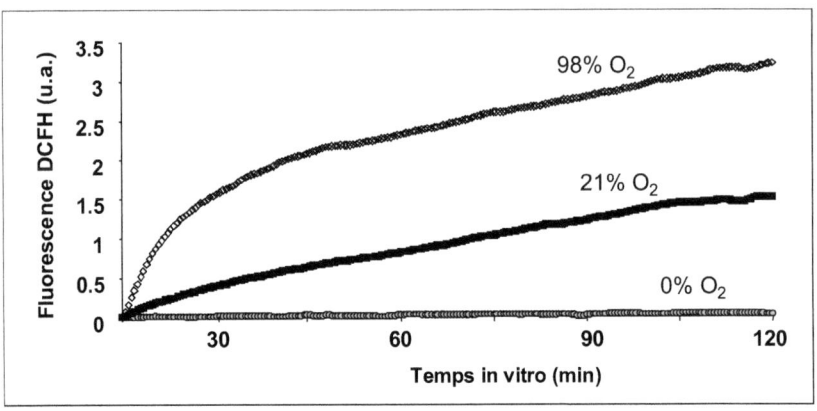

Figure 13 : La fluorescence du DCFH est dépendante de la présence d'oxygène.

V. <u>Activité kinase (ERK et JNK)</u>

L'activité des kinases ERK et JNK a été déterminée par la technique de Larsen et coll. *(Larsen et al., 1998)* légèrement modifiée.

V.1. Préparation des échantillons

Six cœurs au stade 24HH ont été montés ensemble dans la chambre de culture comme décrit ci-dessus et soumis à 45 minutes de stabilisation en normoxie (21% O_2 + 2,31% CO_2), suivis de 10, 20 ou 30 minutes d'anoxie (N_2 + 2,31 % CO_2) et de 10, 20, 30, 40, 50, ou 60 minutes de réoxygénation (21% O_2 + 2,31% CO_2). Les cœurs ont été prélevés aux temps indiqués puis découpés délicatement à froid (4°C) en oreillette, ventricule et conotroncus (cf. **VII. Dosage des protéines et du glycogène**). Les échantillons ont été conservés à -80°C jusqu'aux dosages. Seuls les ventricules ont été utilisés dans les dosages de l'activité des kinase.

Les ventricules ont été lysés sur la glace par sonication dans 100µl de tampon de lyse (20mM tris-acétate pH7, 0,27M sucrose, 1mM EGTA, 1mM EDTA ; 50mM NaF, 1% Triton® X-100, 10mM β-glycérophosphate, 10mM 1,4-Dithio-DL-threitol (DTT), 10mM 4-nitrophenyl phosphate (PNPP), anti-protéases) afin d'obtenir une concentration d'environ 1μg prot./μl. Les débris insolubles dans le détergent ont été éliminés par centrifugation à froid pendant 5 minutes à 10 000 rpm. Le contenu en protéines du surnageant a été dosé (cf. **IV. Dosage des protéines et du glycogène**) puis utilisé pour le dosage de l'activité kinase ou conservées à -80°C.

V.2. Expression et purification des protéines de fusion Glutathion-S-Transférase (GST)

Les protéines de fusion représentent les substrats des kinases, qui, après purification, sont liées à des billes d'agarose. L'expression des protéines de fusion a été réalisée dans des bactéries E. Coli transféctées par un plasmide pGEX-4T1 contenant un insert Elk1 humain (acides aminés 307 à 429 du vecteur pFA2-Elk1 (Stratagene)), ou un insert cJun humain (acides aminés 1 à 219 de pFA2-cJun). Après une nuit de croissance, l'expression de la protéine de fusion GST-Elk ou GST-c-Jun a été induite par l'ajout de 100nM d'Isopropyl-1-B-d-thio-1-galactopyranoside (IPTG). Les cellules ont été lysées à froid par sonication dans du PBS (Phosphate Buffer Saline) contenant 1% Triton® X-100. Après centrifugation, les protéines ont été incubées 30 minutes avec 1ml de billes glutathion-agarose à 4°C sous agitation douce. Ceci permet au substrat de se lier aux billes. Les billes-GST ont été lavées trois fois avec du PBS à 4°C puis aliquotées et conservées à -80°C.

V.3. Dosage de l'activité des kinases ERK et JNK

De 20 à 30μg de protéines ventriculaires ont été incubés durant 3 heures à 4°C avec 8 ± 1 μg de billes glutathion-agarose couplées à GST-Elk ou GST-c-Jun. Les billes ont ensuite été lavées 3 fois dans du tampon de lavage (même composition que le tampon de lyse mais avec 0,1% Triton® X-100), puis 2 fois dans du tampon de réaction (20mM Hepes pH7,5, 10mM $MgCl_2$, 20mM β-glycérophosphate, 10mM DTT, 10mM PNPP, anti-protéases). La réaction kinase a été réalisée en ajoutant 5µCi de ^{33}P-ATP aux billes dans un volume total de 20µl de tampon, durant 30 minutes à 30°C. La réaction a été arrêtée par l'ajout de 10µl de tampon de charge SDS puis ébullition durant 5 minutes à 95°C. Les échantillons ont ensuite été déposés sur gel d'électrophorèse en conditions dénaturantes (SDS-PAGE) en utilisant un gel de concentration à 4% et un gel de séparation à 10% d'acrylamide. Les gels ont ensuite été colorés au bleu de Coomassie, séchés et les protéines phosphorylées visualisées par autoradiographie et quantifiées par analyse sur PhosphoImager (Quantity-one 1.4.0, Biorad). Les valeurs d'activité obtenues ont ensuite été rapportées à celles du contrôle préanoxique.

VI. <u>Dosages des protéines et du glycogène</u>

A la fin de chaque expérience, les cœurs ont été systématiquement découpés au niveau du canal auriculo-ventriculaire et de la jonction ventriculo-conotroncale, en oreillette, ventricule et conotroncus et conservés à -20°C pour dosage ultérieurs.

Après décongélation, les échantillons ont été homogénéisés par sonication (3 x 3 s sur glace). Le contenu en protéines a été dosé selon la méthode de Lowry *(Lowry et al., 1951)* en utilisant l'albumine sérique bovine (BSA) comme calibration.

Le glycogène a été dosé sur les mêmes échantillons par spectrofluorométrie d'après la technique de Nahorski et Rogers (*Nahorski et Rogers, 1972*), et exprimé en équivalent glucose (GU) par µg de protéine (GU/µg prot.). La méthode consiste à hydrolyser le glycogène en glucose par l'amyloglucosidase et à phosphoryler le glucose ainsi obtenu en glucose 6-phosphate par l'hexokinase puis en phosphoglucono δ-lactone par la glucose 6-phosphate déshydrogénase en présence de $NAD(P)^+$. Cette dernière réaction réduit le $NAD(P)^+$ en NAD(P)H, qui est quantifié par fluorescence (excitation à 340 nm et émission à 450 nm).

VII. Statistiques

Les résultats ont généralement été exprimés en moyenne ± DS (déviation standard) ou ESM (erreur standard à la moyenne). Les différences entre groupes ont été testées par une analyse de variance (ANOVA) ou un test t de Student. Les cinétiques de récupération post-anoxiques des différents groupes ont été comparées par une ANOVA en mesures répétées ("repeated-measures ANOVA"). Enfin, un test t de Student apparié a été utilisé pour comparer les différences entre les valeurs mesurées lors de l'anoxie-réoxygénation et la valeur préanoxique. Le seuil de significativité statistique est $p < 0{,}05$.

RÉSULTATS

I. Caractérisation électrocardiographique du cœur embryonnaire

Une partie de ce travail a donné lieu à trois résumés : *(Raddatz et al., 2005; Sarre et al., 2005c; Sarre et al., 2005d).*

Article en préparation.

I.1. Stabilité des paramètres fonctionnels in vitro

Les paramètres mesurés, après la période de stabilisation était stables durant au moins 3 heures (Tableau 1 et Figure 14). Durant la période de stabilisation, 70% des cœurs présentaient des arythmies auriculaires transitoires réparties de la 10ème à la 30ème min du réchauffement. Ce phénomène se traduit par une grande variabilité de la fréquence cardiaque durant cette période (Figure 14).

PACEMAKER:	
rythme sinusal	165 ± 9 bpm
DUREE DU POTENTIEL D'ACTION:	
durée du QT (cœur entier)	161 ± 14 ms
oreillette isolée	78 ± 6 ms
ventricule isolé (QT)	111 ± 7 ms
CONDUCTION AURICULO-VENTRICULAIRE:	
intervalle PR	130 ± 17 ms
délai mécanique AV	150 ± 17 ms
vitesse de propagation AV	15,7 ± 1 mm/s
COUPLAGE EXCITATION-CONTRACTION:	
délai électro-mécanique auriculaire (EMDa)	21 ± 2 ms
délai électro-mécanique ventriculaire (EMDv)	14 ± 2 ms
CONTRACTILITÉ:	
contraction ventriculaire (apex)	19 ± 7 µm
vitesse de contraction (apex)	4,2 ± 1,4 mm/s
MÉTABOLISME:	
glycogène / protéine: - oreillette	1,63 ± 0,72
(nmol GU / µg) - ventricule	0,90 ± 0,28
- conotroncus	0,65 ± 0,25

Tableau 1 : Paramètres fonctionnels mesurés *in vitro* en normoxie après 45 minutes de stabilisation ; bpm : battements par minute ; GU : équivalent glucose (stade 24HH, moyenne ± DS, n = 8-10).

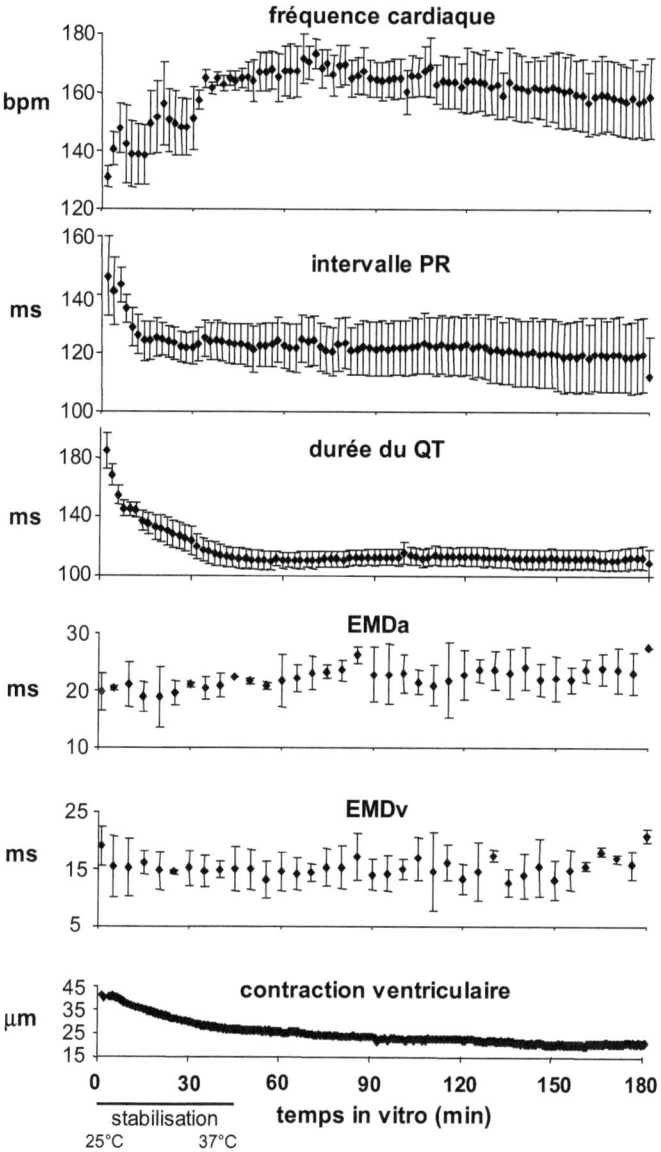

Figure 14 : Après une période de stabilisation in vitro, les paramètres fonctionnels mesurés restaient stables durant au moins 3 heures à 37°C en normoxie. EMDa, EMDv : délais électromécaniques auriculaire et ventriculaire, respectivement (moyenne ± DS, n = 5).

I.2. Effets de l'anoxie-réoxygénation

L'anoxie entraînait une tachycardie transitoire suivie d'une bradycardie, allant jusqu'à l'arrêt complet de l'activité cardiaque (Figure 15). Une activité résiduelle sous forme de bouffées persistait jusqu'à la fin de l'anoxie. Cependant, l'arrêt ventriculaire était plus précoce que celui de l'oreillette (8 ± 7 et 15 ± 10 min, respectivement ; n=4). La propagation auriculo-ventriculaire (AV) était progressivement ralentie durant l'anoxie, comme l'atteste l'allongement de l'intervalle PR. La durée du QT, après un raccourcissement transitoire, était faiblement rallongée durant l'anoxie. Le délai électromécanique auriculaire était peu affecté, alors que le délai électromécanique ventriculaire augmentait progressivement et sa durée était doublée en fin d'anoxie (Figure 15).

La réoxygénation entraînait une cardioplégie (43 ± 28 s, variant entre 10 et 90 s, n=6). Ensuite, la fréquence auriculaire augmentait progressivement durant les 10 à 12 premières minutes atteignant un maximum (légère tachycardie) avant de retrouver sa valeur préanoxique. L'intervalle PR, qui représente la conduction auriculo-ventriculaire, recouvrait progressivement sa valeur préanoxique après environ 30 minutes. La durée du QT était augmentée de 30 ± 18 % dès la réintroduction de l'oxygène et rejoignait peu à peu sa valeur préanoxique. Le délai électromécanique ventriculaire (EMDv) récupérait lentement durant la réoxygénation. L'EMDa étant peu affecté par l'anoxie, retrouvait très rapidement sa valeur initiale.

La variation du rapport des amplitudes des ondes T et du complexe QRS (T/QRS) est considérée comme un témoin de la souffrance fœtale *(Welin et al., 2005)*. Dans nos conditions, ce rapport variait de façon importante au cours de l'anoxie et de la réoxygénation (Figure 15).

Les modifications de morphologie de l'ECG au cours de l'anoxie et de la réoxygénation sont illustrées dans la Figure 16, composée de la superposition de tracés moyens d'ECG *(Cf. MATÉRIEL ET MÉTHODES III.3.)*.

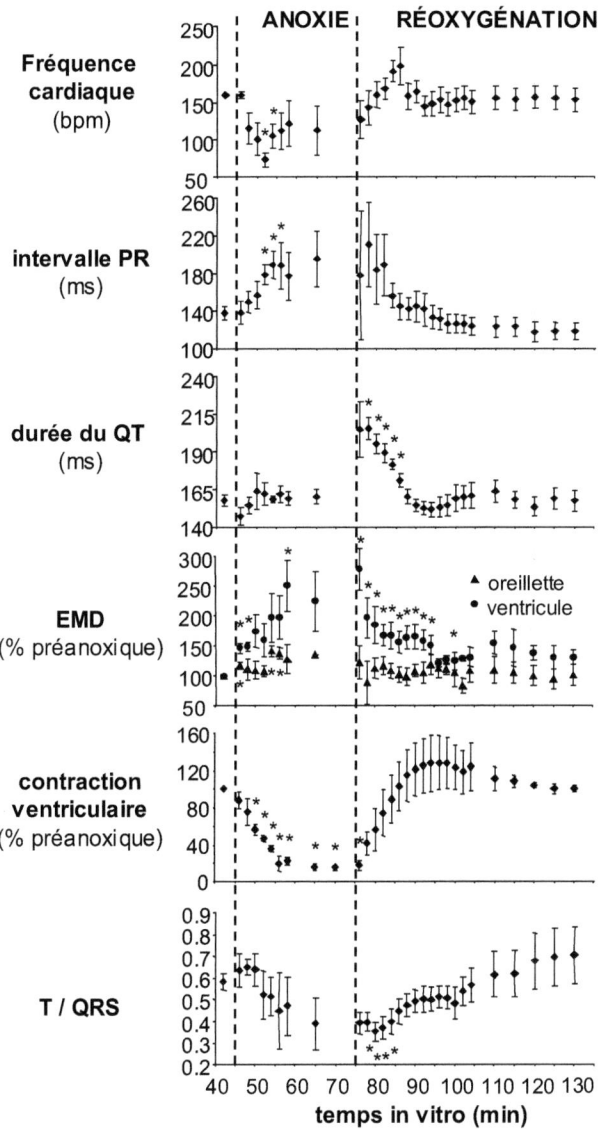

Figure 15 : Evolution de la fréquence cardiaque, de l'intervalle PR, de la durée du QT, de l'EMD, de l'amplitude de contraction ventriculaire et du rapport T/QRS au cours de l'anoxie-réoxygénation. Afin de faciliter la compréhension, les points ont été représentés toutes les 2 minutes (moyenne ± ESM, n=4). * : p<0.05 vs préanoxie (test t de Student apparié).

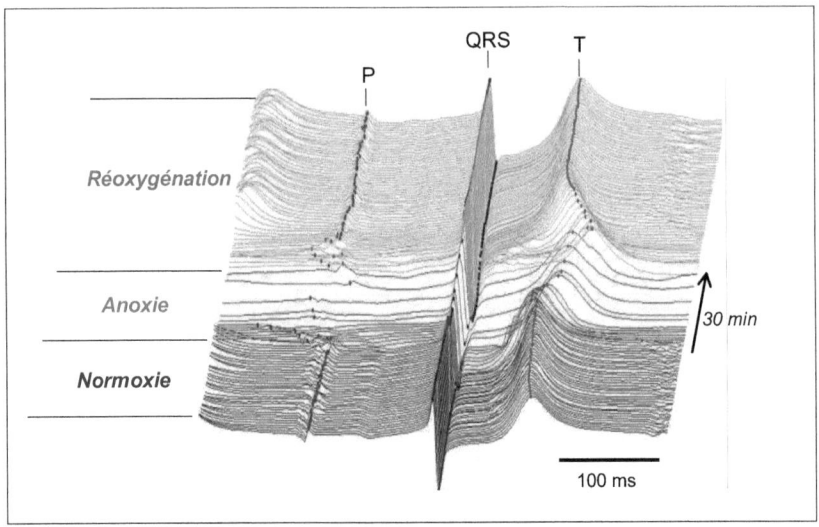

Figure 16 : Représentation des modifications de la morphologie de l'ECG durant l'anoxie et la réoxygénation. Chaque tracé est le tracé moyen obtenu sur 30s et représenté toutes les minutes. Les points indiquent les sommets des ondes P, R, S et T.

I.3. Type et incidence des arythmies déclenchées par l'anoxie-réoxygénation

Au cours de l'anoxie, les bouffées d'activité séparées par des périodes de quiescence électromécanique peuvent prendre deux formes :
- reprise de l'activité auriculaire couplée à l'activité ventriculaire ("burst" ; Figure 17 A)
- reprise de l'activité ventriculaire après un épisode de bloc AV de 3ème degré (bloc AV intermittent de 3ème degré ; Figure 17 B).

Ces types d'arythmies sont également observables durant la réoxygénation.

Des variations de l'intervalle RR, et une contracture ventriculaire sont observables durant ces bouffées d'activité (Figure 17, A et B).

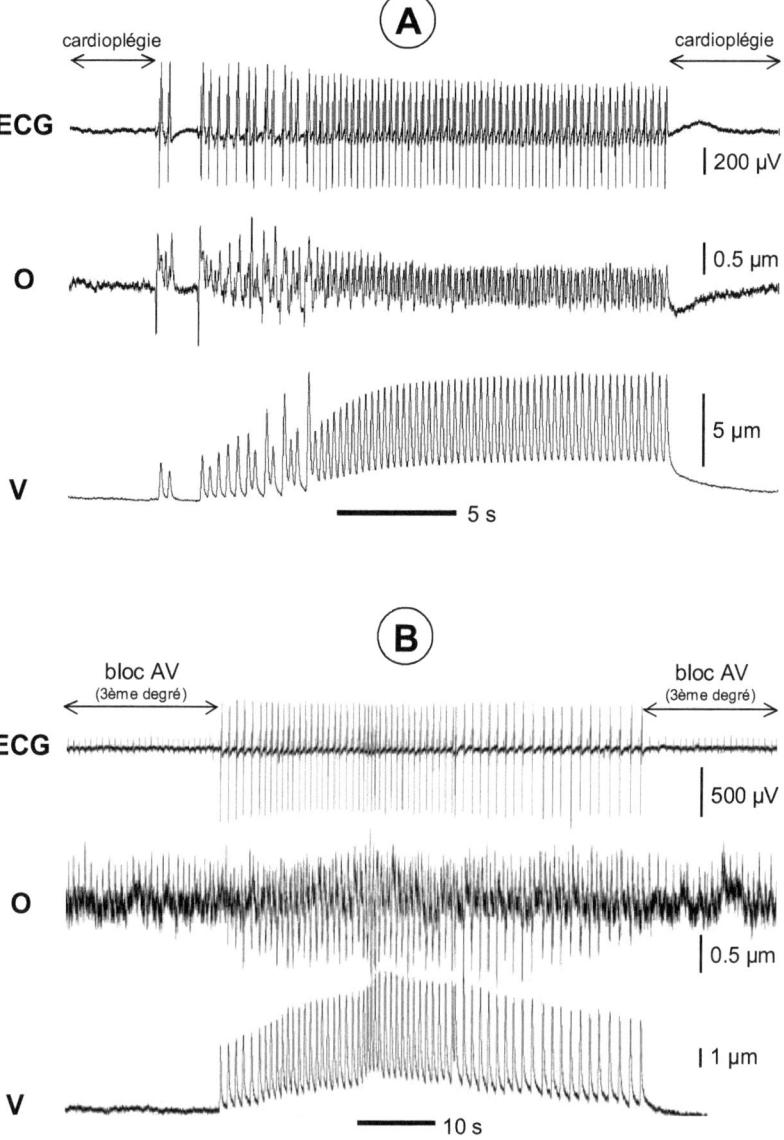

Figure 17 : Arrêt sinusal avec reprises intermittentes (A) et bloc AV intermittent de 3ème degré associé à une activité ventriculaire sous forme de bouffée (B), observables durant l'anoxie et la réoxygénation. Une variation de l'intervalle RR et une contracture ventriculaire étaient caractéristiques de ces bouffées d'activité. O: oreillette ; V: ventricule.

L'anoxie et la réoxygénation étaient accompagnées de troubles du rythme auriculaire (arythmies auriculaires) et de troubles de conduction auriculo-ventriculaire, se traduisant par des blocs de conduction du deuxième degré (bloc 2/1 ou 3/1), représentés sur la figure 18.

La réoxygénation entraînait les mêmes types d'arythmies que l'anoxie mais également des blocs de conduction 3/2 et le phénomène de Wenckebach caractérisé par un allongement progressif de l'intervalle PR aboutissant à un bloc de conduction. Ces arythmies précédaient systématiquement la récupération cardiaque. En effet, les Wenckebach étaient les dernières arythmies observables à la réoxygénation, et leur apparition était, dans notre modèle, le signe de l'amélioration de la conduction. Enfin, des épisodes d'échappement ventriculaire étaient observés dans moins de 10% des cœurs (Figure 18). Aucune dissociation électromécanique, fibrillation ou extrasystole ventriculaire n'ont été observées durant l'anoxie ou la réoxygénation.

Le profil temporel de survenu des différentes arythmies est représenté sur la figure 19.

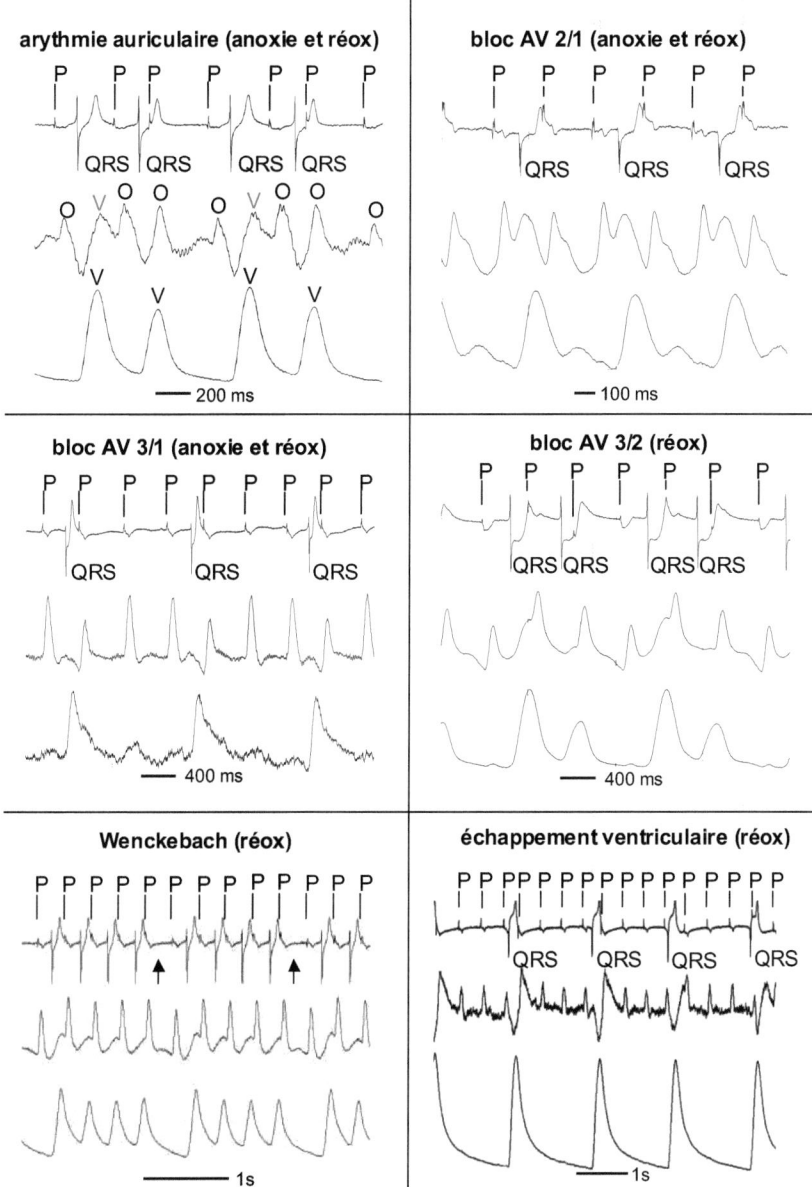

Figure 18: Principaux types d'arythmies observées durant l'anoxie et la réoxygénation (réox). L'ECG (tracé supérieur) et les contractions auriculaires (tracé du milieu) et ventriculaires (tracé du bas) sont représentés. O: oreillette; V: ventricule.

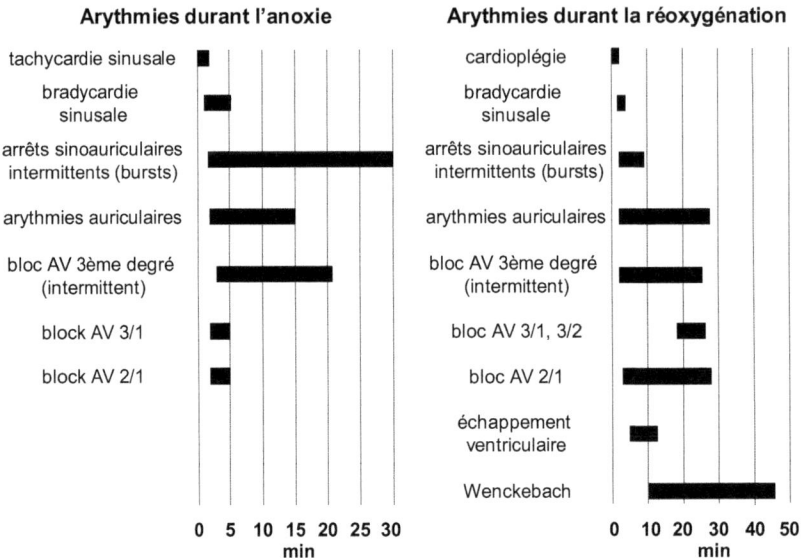

Figure 19 : Types d'arythmies observées au cours de l'anoxie et de la réoxygénation.

I.4. Réponse de l'oreillette, du ventricule et du conotroncus isolés à l'anoxie-réoxygénation

Les différentes parties du cœur, une fois isolées et stabilisées à 37°C avaient chacune une fréquence propre, à savoir 163 ± 17 (n=3), 83 ± 28 (n=3) et 26 ± 12 bpm (n=3) pour l'oreillette, le ventricule et le conotroncus, respectivement.

Effet de l'anoxie : L'oreillette isolée répondait à l'anoxie par une tachycardie transitoire, similaire à celle observée dans le cœur entier, puis une bradycardie suivie d'une activité sous forme de bouffées (Figure 20). La durée de la dépolarisation auriculaire augmentait légèrement durant cette période. Le ventricule, au contraire, s'arrêtait de battre après environ 5 minutes. Cependant, un des ventricules sur les trois étudiés présentait une activité soutenue durant 15 minutes. La durée du QT diminuait transitoirement puis augmentait progressivement. Après l'arrêt des contractions, aucune activité n'était enregistrée jusqu'à la réoxygénation. Le conotroncus s'arrêtait rapidement durant l'anoxie en moins de 5 minutes.

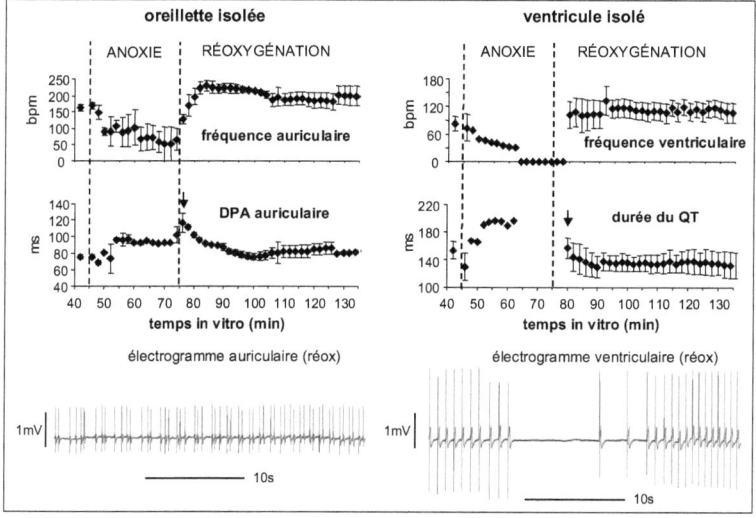

Figure 20 : Les réponses de l'oreillette et du ventricule à l'anoxie et à la réoxygénation étaient différentes. Alors que l'oreillette maintenait une activité sous forme de bouffées en absence d'oxygène, le ventricule cessait rapidement toute activité (à noter qu'un ventricule sur trois montrait une activité durant 15 minutes d'anoxie). Les arythmies observées à la réoxygénation (flèches) sont illustrées par les électrogrammes auriculaire et ventriculaire. DPA : durée du potentiel d'action de l'oreillette ; réox : réoxygénation (moyenne ± DS ; n=3).

Effet de la réoxygénation : L'oreillette retrouvait une activité contractile normale dès la réadmission de l'oxygène, alors que le ventricule ne reprenait son activité spontanée qu'après au moins 2 minutes. Il faut noter que le ventricule qui s'était arrêté après 15 minutes d'anoxie ne présentait aucune activité avant 15 minutes de réoxygénation. La durée de la dépolarisation auriculaire augmentait brutalement de 55 ± 30 % avant de récupérer progressivement sa valeur préanoxique. Par contre, la durée du QT semblait être moins affectée par la réoxygénation lorsque le ventricule était isolé. En effet, une faible augmentation de sa durée était observée à la réoxygénation, et la récupération était rapide (Figures 20 et 21). Le ventricule isolé présentait peu d'arythmies, alors que de nombreuses arythmies auriculaires étaient observées. Le conotroncus retrouvait progressivement son activité normale durant la réoxygénation. Les trois parties du coeur présentaient une sidération à la réoxygénation (Figure 21).

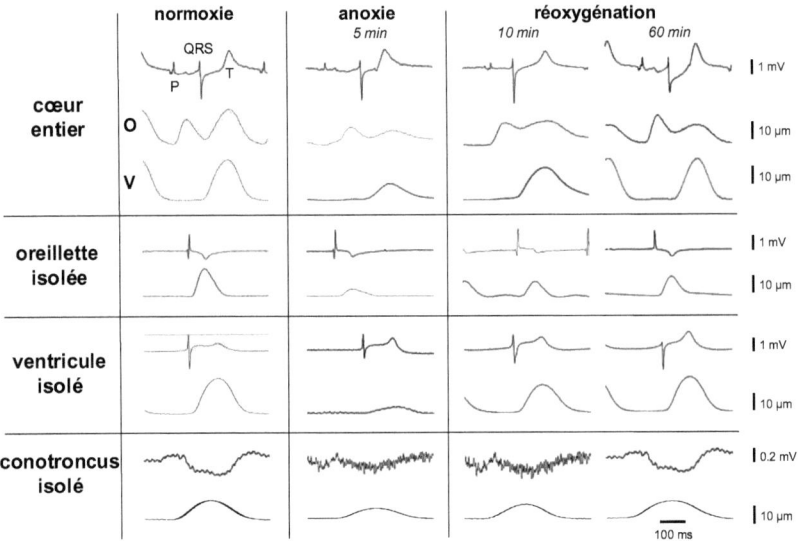

Figure 21 : Enregistrements caractéristiques de l'activité électrique (trace du haut) et contractile (traces du bas) du cœur entier, de l'oreillette, du ventricule et du conotroncus isolés en normoxie, après 5 minutes d'anoxie et 10 et 60 minutes de réoxygénation. O : oreillette ; V : ventricule.

I.5. Discussion

A notre connaissance, c'est la première fois que le profil des arythmies déclenchées par l'anoxie et la réoxygénation est précisément établi dans le cœur embryonnaire. De plus, le fait que l'activité spontanée des chambres cardiaques isolées puisse être maintenue *in vitro* dans des conditions strictement contrôlées, nous a permis de caractériser séparément les perturbations électriques et mécaniques de chaque région soumise au même protocole que le cœur entier.

Dans le passé, l'activité électrique du tissu cardiaque de l'embryon de poulet à différents stades de développement a été étudiée *in ovo (Kolesari et al., 1988; Sugiyama et al., 1996)*, sur des embryons entiers *(Hoff et al., 1939)*, sur des cœurs isolés *(Paff et al., 1968)*, sur des chambres cardiaques isolées *(Boucek et al., 1959; Paff et Boucek, 1962)* ou sur des cardiomyocytes en culture *(Veenstra, 1991)*.

D'après Paff et Boucek, la contribution du conotroncus à l'ECG consiste en une onde se situant entre le complexe QRS et l'onde T *(Paff et Boucek, 1975)*. Dans nos conditions de mesure, aucune onde n'est observable à cet endroit. Cependant, l'enregistrement du conotroncus isolé montre en effet une onde électrique lente et de faible amplitude (Figure 21).

Nous avons pu enregistrer et mesurer exactement les durées de dépolarisation et repolarisation de chaque partie du coeur. Bien que la durée de la dépolarisation auriculaire soit plus courte que l'intervalle PR, il est difficile de localiser précisément la fin de la repolarisation de l'oreillette sur l'ECG du cœur entier. Cette difficulté pourrait s'expliquer par une interférence avec le signal faible mais prolongé provenant du conotroncus (>300ms), ou par une différence de géométrie et de positionnement de l'oreillette par rapport aux électrodes (encombrement spatial du ventricule dans le cœur entier). De plus, la durée du QT mesurée sur l'ECG global est plus grande que celle mesurée sur l'électrogramme du ventricule. Cette différence pourrait également être due à l'onde du conotroncus, qui interférerait aussi avec la fin de la repolarisation ventriculaire et retarderait son retour apparent à la ligne isoélectrique.

Bien que plus résistant à l'hypoxie que le cœur adulte *(Lopaschuk et al., 1992)*, le cœur embryonnaire répond très rapidement à l'absence totale d'oxygène. En effet, le manque d'oxygène entraîne très rapidement des arythmies survenant selon un ordre caractéristique (Figure 19). Les arythmies semblent avoir une origine essentiellement auriculaire et ressemblent à celles observées dans le cœur adulte.

Cette hypothèse est soutenue par le fait que l'activité de l'oreillette isolée continue sous forme de bouffées durant l'anoxie et la réoxygénation alors que le ventricule s'arrête plus rapidement et reprend une activité plus tardivement que l'oreillette. Cependant, le cœur embryonnaire présente une plus faible diversité d'arythmies que le cœur adulte. En effet, aucune fibrillation, aucune dissociation électromécanique, aucune extrasystole ventriculaire, ni aucune conduction rétrograde n'ont été observée dans le modèle étudié. Il faut noter que l'activité sous forme de bouffées observée durant l'anoxie et en début de réoxygénation ressemble à l'activité spontanée observée durant le développement normal d'embryons précoces de poulet *(Sakai et al., 1998)* ou dans des cardiomyocytes dérivés de cellules souches *(Gryshchenko et al., 1999)*.

Bien qu'au stade de développement étudié, aucun tissu conducteur spécialisé n'existe, les troubles de conduction (blocs 2/1 à 3/2, Wenckebach, blocs de $3^{\text{ème}}$ degré) représentent la majorité des arythmies. Ces altérations de la conduction électrique pourraient refléter des modifications de l'état de phosphorylation des jonctions communicantes pendant l'anoxie-réoxygénation. En effet, les connexines (Cx), essentiellement Cx 43, sont déjà présentes à ce stade de développement *(Wiens et al., 1995)*, et une altération de leur conductance pourrait être à l'origine du ralentissement de la conduction AV (augmentation de l'intervalle PR). Les blocs auriculo-ventriculaires pourraient également être dus à l'allongement de la dépolarisation du ventricule, reflétée par l'augmentation de la durée du QT. En effet, si cette dépolarisation se prolonge, l'impulsion de l'oreillette peut parvenir au ventricule durant sa période réfractaire, entraînant un bloc de conduction de 2^d degré. Ces deux phénomènes se combinant lors de la réoxygénation, pourraient expliquer la survenue de blocs AV et de Wenckebach.

L'enregistrement simultané de l'activité électrique et contractile permet de mesurer le délai électromécanique. Ce paramètre important de la fonction cardiaque est très sensible à l'absence et la réadmission de l'oxygène. Le délai électromécanique ventriculaire est plus affecté par l'anoxie et la réoxygénation que l'EMDa. Cette différence confirme la résistance de l'oreillette vis-à-vis de l'anoxie et les observations précédentes *(Rosa et al., 2003)*. Les composants du couplage E-C (canaux calciques de type L, SERCA, et canaux sarcoplasmiques couplés aux récepteurs à ryanodine) sont présents et fonctionnels au stade étudié *(Tenthorey et al., 1998; Moorman et al., 2000)*. L'ATPase du réticulum est exprimée plus fortement dans l'oreillette, et son expression est inhomogène dans le ventricule. La différence d'expression et de répartition de ces pompes pourrait en partie expliquer la sensibilité différentielle des deux chambres cardiaques à l'anoxie et la réoxygénation.

Les enregistrements réalisés dans les différentes chambres cardiaques ont permis de mettre en évidence que la rythmicité et les potentiels d'action étaient différemment affectés au cours de l'anoxie et de la réoxygénation dans l'oreillette, le ventricule et le conotroncus. Nos résultats montrent donc qu'il existe une susceptibilité différentielle à l'anoxie dans le cœur embryonnaire, l'oreillette étant la plus résistante.

Les résultats obtenus suggèrent que le modèle *in vitro* du cœur embryonnaire peut apporter des informations importantes pour la compréhension de mécanismes pathologiques pendant la cardiogenèse. Ces informations peuvent être spécialement utiles dans le contexte actuel des progrès en cardiologie fœtale et périnatale.

II. Rôle du NO dans la récupération du couplage E-C ventriculaire

Ce travail a été publié dans *Molecular and Cellular Biochemistry* :

Maury JP, Sarre A, Terrand J, Rosa A, Kucera P, Kappenberger L and Raddatz E (2004) **Ventricular but not atrial electro-mechanical delay of the embryonic heart is altered by anoxia-reoxygenation and improved by nitric oxide.** *Mol Cell Biochem* 265: 141-149.

II.1. Introduction

Le monoxyde d'azote (NO) joue un rôle important dans la régulation du couplage excitation-contraction (E-C) (*Hare, 2003*). Le NO est produit dans le cœur embryonnaire de poulet en réponse à l'anoxie-réoxygénation essentiellement par la NOS inductible (iNOS) *(Terrand et al., 2003)*. Le but de ce travail était donc d'étudier l'effet du NO endogène et exogène sur le couplage E-C du cœur en développement au cours de l'anoxie et de la réoxygénation.

II.2. Résultats

Durant l'anoxie-réoxygénation, l'EMDa variait peu alors que l'EMDv était fortement affecté (augmentation de 400% en début de réoxygénation), mais retrouvait sa valeur préanoxique au cours de la réoxygénation. Alors qu'un donneur de NO (DETA-NONOate) n'avait pas d'effet sur les paramètres fonctionnels préanoxiques, il améliorait significativement la récupération postanoxique de l'EMDv. Au contraire, l'inhibition non-spécifique des NOS par le L-NAME retardait sa récupération lors de la réoxygénation, sans effet sur les autres paramètres fonctionnels.

II.3. Discussion

Ce travail a permis de montrer l'importance du NO dans la récupération du couplage excitation-contraction. Cette étude a aussi confirmé que l'EMDv était plus sensible à l'anoxie que l'EMDa, et ce à 2 stades de développement, différents 24HH et 25HH. Ces résultats soulignent la différence de sensibilité entre ces deux régions du cœur, comme cela a été suggéré dans les études précédentes *(Sedmera et al., 2002)*.

Nos résultats ont permis de mettre en évidence un effet protecteur du NO exogène sur le couplage E-C et souligne l'importance du NO endogène dans la récupération postanoxique du myocarde ventriculaire, une des sources importantes du monoxyde d'azote étant la iNOS *(Terrand et al., 2003)*. L'amélioration du couplage E-C par le NO observée au cours de la réoxygénation pourrait être partiellement due à la modulation des canaux couplés aux récepteurs à ryanodine présents dans le cœur embryonnaire *(Tenthorey et al., 1998)*, dont la probabilité d'ouverture est augmentée par le NO, mais également à l'inhibition des canaux calciques de type L ou à la modulation des pompes SERCA du réticulum *(Hare, 2003)*.

III. Rôle des canaux K_{ATP} mitochondriaux (mitoK_{ATP}) dans la récupération postanoxique

Ce travail a été publié dans *American Journal of Physiology - Heart and Circulatory Physiology*:

Sarre A, Lange N, Kucera P and Raddatz E (2005). **MitoK_{ATP} channel activation in the postanoxic developing heart protects E-C coupling via NO-, ROS-, and PKC-dependent pathways.** *Am J Physiol Heart Circ Physiol* 288(4): H1611-1619.

III.1. Introduction

L'ouverture des canaux mitoK_{ATP} peut améliorer la récupération post-ischémique de la fonction contractile du cœur adulte *(Forbes et al., 2001; Dos Santos et al., 2002; Das et Sarkar, 2003b; Das et Sarkar, 2003a; Feng et al., 2003; Uchiyama et al., 2003; Ono et al., 2004; Wakahara et al., 2004; Wang et al., 2004b; Kristiansen et al., 2005)*, réduire la taille de l'infarctus *(Baines et al., 1999; Pain et al., 2000; Patel et Gross, 2001; Das et Sarkar, 2003b; Oldenburg et al., 2003; Uchiyama et al., 2003)* ou diminuer la mort de cellules en culture *(Akao et al., 2001; Das et Sarkar, 2003b; Ichinose et al., 2003; Lebuffe et al., 2003; Nagata et al., 2003; Facundo et al., 2005)*.

Lebuffe et coll. ont montré dans des cardiomyocytes embryonnaires que les PKC étaient impliquées dans la diminution de la mort cellulaire induite par l'ouverture des canaux mitoK_{ATP} *(Lebuffe et al., 2003)*. Cependant, selon les modèles étudiés, les PKC joueraient un rôle soit en amont *(Lebuffe et al., 2003; Bouwman et al., 2004)*, soit en aval des canaux mitoK_{ATP} *(Liu et al., 2002; Harada et al., 2004; Moon et al., 2004)*. Mais Lebuffe apportait une information supplémentaire. En effet, ce travail indique que le monoxyde d'azote est nécessaire à la protection apportée par l'ouverture des canaux mitoK_{ATP} dans des cardiomyocytes ventriculaire d'embryons de poulet de 10 jours.

Cependant, rien n'était connu concernant la protection de la fonction électrique et contractile du cœur embryonnaire au stade précoce de développement.

III.2. Résultats

Dans le cœur embryonnaire de poulet au stade 24HH, l'activation pharmacologique des canaux mitoK$_{ATP}$ par le diazoxide (50µM) permettait une amélioration de la récupération postanoxique du couplage excitation-contraction ventriculaire, et du délai auriculo-ventriculaire. La protection du couplage E-C était abolie par un piégeur de radicaux (MPG), un inhibiteur non-spécifique des PKC (chélérythrine) et un inhibiteur non-sélectif des NOS (L-NAME), alors que celle de la conduction AV était abolie exclusivement par l'inhibition des NOS.

III.3. Discussion

Nos résultats indiquent que les canaux mitoK$_{ATP}$ demeurent fermés dans le cœur de l'embryon de poulet, même lors d'une anoxie de 30 minutes. Pourtant leur activation pharmacologique permet une amélioration de la récupération fonctionnelle postanoxique.

Notre étude a mis en évidence que le traitement du cœur immature par l'activateur des canaux K$_{ATP}$ mitochondriaux, le diazoxide, pouvait améliorer la récupération du délai électromécanique ventriculaire mais également celle de la conduction auriculo-ventriculaire. L'absence de réseau coronaire dans le myocarde embryonnaire exclue toute effet vasculaire du traitement pharmacologique. Ainsi la protection observée dans ce travail ne peut pas être due à l'effet du diazoxide sur les canaux K$_{ATP}$ de muscles lisses vasculaires qui aboutirait, chez l'adulte, à une vasodilatation coronaire.

Dans notre modèle, une production accrue de radicaux d'oxygène lors de la phase précoce de réoxygénation semble indispensable à la protection du couplage E-C, et non à une augmentation de ROS en normoxie. A l'inverse, le diazoxide appliqué avant l'ischémie chez l'adulte, augmente immédiatement la production radicalaire *(Carroll et al., 2001; Forbes et al., 2001; Krenz et al., 2002; Samavati et al., 2002; Oldenburg et al., 2003)*, et diminue la production de ROS à la reperfusion.

Cependant, dans nos conditions, le diazoxide était présent avant, pendant et après l'anoxie. Les différences entre nos résultats et ceux obtenus avec les cardiomyocytes adultes pourraient s'expliquer en partie par la différence de protocole, prétraitement chez l'adulte et traitement continu dans le cœur embryonnaire, mais aussi par une différence dans la maturité des mitochondries *(Sordahl et al., 1972; Warshaw, 1972)*. La mesure de production radicalaire dans notre étude a été réalisée sur le ventricule d'un cœur entier battant spontanément, et non sur des cellules isolées en cultures. Le fait que le piégeur de radicaux MPG abolisse la protection apportée par l'ouverture des canaux K_{ATP} mitochondriaux indique clairement l'importance des radicaux dans cette protection.

L'inhibiteur des PKC, chélérythrine, abolit également cette protection. Ce résultat confirme le rôle de ces kinases dans l'effet protecteur de l'ouverture des canaux K_{ATP} mitochondriaux *(Liu et al., 2002; Harada et al., 2004; Moon et al., 2004)*. L'absence de modification de la production radicalaire par la chélérythrine indique que l'activation des protéines kinases C est en aval des radicaux dans le cœur embryonnaire. L'effecteur final de cette protection n'est pas connu, mais tous les composants du couplage excitation-contraction sont présents à ce stade de développement et pourraient être des candidats. Cet aspect mérite quelques études complémentaires.

Enfin, nous avons pu mettre en évidence l'importance du monoxyde d'azote dans la protection apportée par le diazoxide. Le L-NAME abolit à la fois la protection du couplage E-C et de la conduction lors de la réoxygénation. Ce résultat montre le rôle essentiel du NO endogène dans la récupération postanoxique et dans la protection fonctionnelle apportée par l'activation des canaux mitoK_{ATP}. A notre connaissance, aucun article ne renseigne sur une action directe du diazoxide ou du NO sur les connexines, bien que le préconditionnement ischémique augmente le niveau de phosphorylation de Cx43 *(Schulz et Heusch, 2004; Boengler et al., 2005)*, et que celle-ci soit exprimée dans le cœur immature *(Wiens et al., 1995)*.

L'ensemble de ces résultats a permis de proposer un modèle des voies de signalisation impliquées dans la protection induite par l'activation pharmacologique des canaux mitoK$_{ATP}$ par le diazoxide dans le cœur embryonnaire (Figure 22).

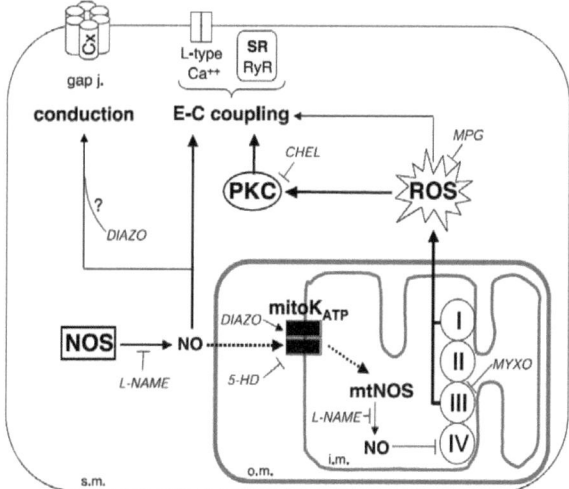

Figure 22 : Modèle basé sur les résultats du présent travail illustrant les relations entre les canaux mitoK$_{ATP}$, les monoxyde d'azote synthases cytosoliques et mitochondriales (NOS et mtNOS, respectivement), les radicaux mitochondriaux (ROS) et les PKC durant la récupération postanoxique. Gap j. : jonctions communicantes ; L-type Ca^{2+} : canaux calciques de type L ; RyR : canaux calciques couplés aux récepteurs à ryanodine ; SR : réticulum sarcoplasmique ; I-IV : complexes de la chaîne respiratoire ; s.m. : membrane du sarcolemme ; i.m. et o.m. : membrane interne et externe de la mitochondrie. Les agents pharmacologiques sont indiqués en italique ; DIAZO : diazoxide, CHEL : chélérythrine ; MYXO : myxothiazol. Les flèches indiquent une activation, les symboles en forme de T, une inhibition. (D'après la figure 7 de *Sarre et al., 2005b*).

IV. Modulation de l'activité des MAPK au cours de l'anoxie et de la réoxygénation

Ces résultats préliminaires ont été présentés sous forme de résumé : *(Sarre et al., 2005a)*

IV.1. Introduction

IV.1.a. Activation de ERK et JNK par l'ischémie et la reperfusion

Comme indiqué dans le chapitre d'introduction, les observations concernant l'activation de JNK par l'ischémie sont divergentes. En effet, des études *in vivo* ou *in vitro* dans le cœur *(Knight et Buxton, 1996; Hreniuk et al., 2001; Brigadeau et al., 2005)* ou le rein *(Pombo et al., 1994)* ont montré qu'il y avait peu d'activation de JNK durant l'ischémie. A l'inverse, l'ischémie du myocarde ou de cardiomyocytes peut activer JNK *(Omura et al., 1999; Yue et al., 2000; Ren et al., 2005)*. Les résultats divergent également en ce qui concerne l'activation de ERK, montrant *(Yue et al., 2000; Ren et al., 2005)*, ou non *(Omura et al., 1999)* une activation durant l'ischémie. Dans tous les cas, une activation de ERK et/ou de JNK est observée à la reperfusion. Le profil d'activation de ces deux MAPK n'a pas été exploré dans le cœur embryonnaire.

IV.1.b. Rôle des MAPK dans la cardioprotection

Le préconditionnement ischémique peut entraîner une augmentation rapide de la phosphorylation de JNK et réduire ensuite le niveau de phosphorylation de la kinase après une ischémie/reperfusion par rapport aux cœurs non-traités *(Sato et al., 2000)*. L'inhibition de la phosphorylation de JNK durant les épisodes préconditionnants d'ischémie-reperfusion atténue la protection apportée par l'IPC *(Sato et al., 2000)*. Au contraire, l'inhibition de JNK améliore la récupération de la fonction diastolique *(Yue et al., 2000)* et diminue l'apoptose *(Hreniuk et al., 2001; Ferrandi et al., 2004; Kaiser et al., 2005)* à la suite d'un épisode d'ischémie.

Le préconditionnement ischémique se traduit également par une augmentation de la phosphorylation de ERK, durant le protocole mais aussi à la reperfusion *(Mocanu et al., 2002; Hausenloy et al., 2005)*. L'inhibition de ERK abolit la protection induite par l'IPC *(Mocanu et al., 2002; Hausenloy et al., 2005)* ou par le TNFβ *(Baxter et al., 2001)* et augmente la mort de cellules en cultures *(Mizukami et al., 2004)*.

Il semble donc que le préconditionnement ischémique entraîne une augmentation immédiate de phosphorylation, suivie d'une inhibition de JNK et une activation de ERK lors de la reperfusion.

Les rares études ayant exploré la modulation de ERK et JNK par l'ouverture des canaux mitoK$_{ATP}$ indiquent que la phosphorylation de ERK est augmentée par le diazoxide *(Samavati et al., 2002; Kimura et al., 2005)*, et que l'inhibition de ERK abolit la protection induite par l'activation des canaux mitoK$_{ATP}$ *(Samavati et al., 2002; Gross et al., 2003)*. Le diazoxide semble également augmenter la phosphorylation normoxique de JNK *(Kimura et al., 2005)*.

IV.2. Résultats et discussion

IV.2.a. Profil d'activité de ERK

L'activité de ERK n'était pas modifiée par l'anoxie mais augmentait rapidement au début de la réoxygénation et décroissait après 60 minutes (Figure 24). L'activité maximale de ERK déterminée pendant la réoxygénation ne représentait que 1,5 fois l'activité déterminée pendant la stabilisation préanoxique.

Comparé à la condition contrôle (DMSO), l'ouverture des canaux mitoK$_{ATP}$ par le diazoxide ne semble pas affecter l'activité de ERK durant la normoxie, l'anoxie, et la réoxygénation.

Ces résultats vont à l'inverse des données existantes pour le cœur adulte *(Samavati et al., 2002; Kimura et al., 2005)*. Cependant, dans ces études, la concentration de diazoxide utilisée (100 à 200µM) était nettement supérieure à la concentration que nous avons employée (50µM). Cette différence de concentration, ainsi que la différence d'espèce ou de maturité mitochondriale pourrait expliquer que nos résultats diffèrent des leurs. Cela mériterait une étude complémentaire.

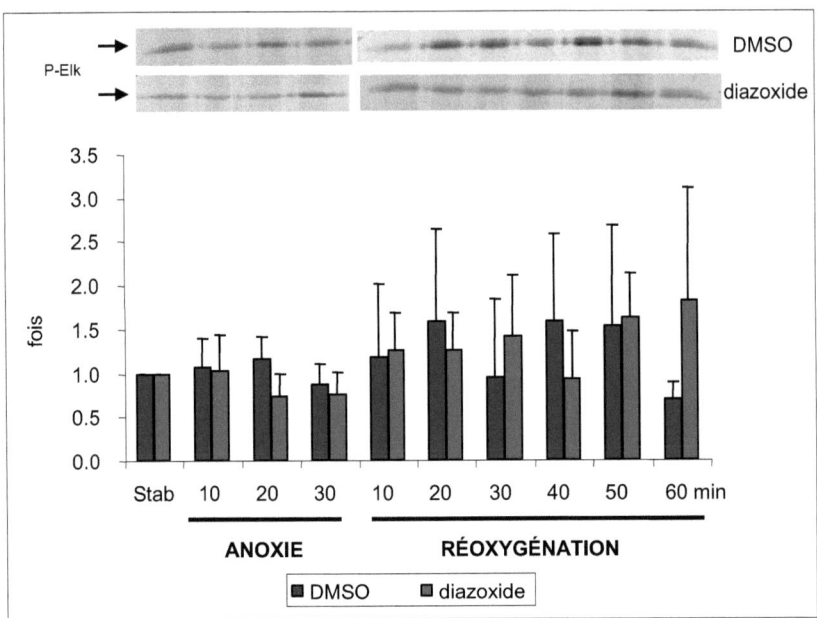

Figure 23 : Profil temporel d'activité de ERK. L'ouverture des canaux mitoK$_{ATP}$ par diazoxide ne modifiait pas l'activité de ERK, stab : 45 min de stabilisation ; diazo : diazoxide ; P-Elk : phospho-elk (moyenne ± DS ; n = 4).

IV.2.b. <u>Profil d'activité de JNK</u>

L'activité de JNK était légèrement augmentée après 10 et 20 minutes d'anoxie (Figure 24). La réoxygénation entraînait une augmentation progressive de l'activité de JNK qui culminait après 40 minutes. Cette activité était 4,4 ± 1,3 fois supérieure à celle déterminée avant l'anoxie (n=7). L'activité de la kinase diminuait ensuite progressivement.

IV.2.c. <u>Effet de l'ouverture des canaux mitoK$_{ATP}$ sur l'activité de JNK</u>

L'activité de JNK était nettement diminuée par l'ouverture des canaux K$_{ATP}$ mitochondriaux, essentiellement durant la réoxygénation. Cette diminution d'activité était significative à 30 et 40 minutes de réoxygénation (p < 0,05 ; Figure 25).

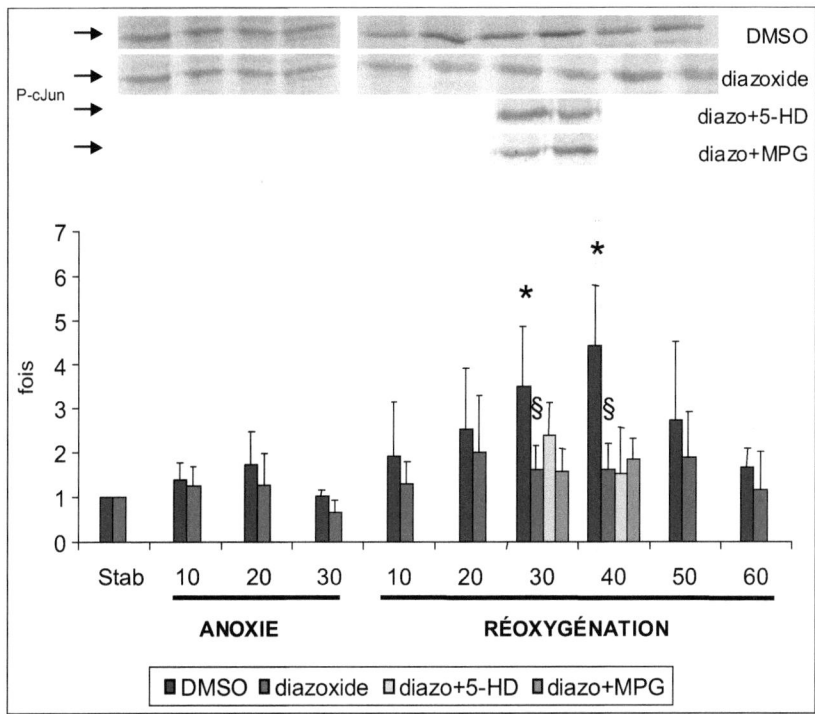

Figure 24 : Profil temporel d'activité de JNK en condition contrôle (DMSO). Le diazoxide diminuait cette activité durant la réoxygénation. L'inhibition des canaux mitoK$_{ATP}$ (5-HD) inversait partiellement l'effet du diazoxide, à l'inverse du piégeur de radicaux MPG ; diazo : diazoxide ; Stab : 45 min de stabilisation (moyenne ± DS ; n=4-7). * : p<0,05 vs Stab, test t de Student apparié, § : p<0,05 vs DMSO, test t de Student.

Afin de vérifier la réversibilité de cet effet, nous avons traité des cœurs avec du diazoxide en présence de l'inhibiteur des canaux mitoK$_{ATP}$, le 5-HD. L'inhibition des canaux mitoK$_{ATP}$ n'inversait que partiellement l'effet du diazoxide à 30 minutes de réoxygénation. A l'inverse, le piégeur de radicaux MPG ne semblait avoir aucun effet sur l'activité de JNK.

La diminution d'activité de JNK induite par le diazoxide lors de la réoxygénation observée dans notre travail correspond à celle qui peut être induite par l'IPC *(Sato et al., 2000)* mais est contraire à celle observée avec le diazoxide *(Kimura et al., 2005)*. La différence de maturité mitochondriale et de concentration de diazoxide utilisée dans notre étude par rapport à celle utilisée dans l'étude de Kimura et coll. pourrait expliquer la divergence des résultats. De plus, Kimura et coll. ont travaillé avec des cellules de mammifères adultes, et cette différence de modèle pourrait également être à l'origine des divergences observées. La diminution d'activité de JNK induite par le diazoxide semble être partiellement abolit par le 5-HD mais pas par le MPG après 30 minutes de réoxygénation. De plus, une étude a montré que les ROS ne modifiaient pas directement la phosphorylation de JNK (*Knight et Buxton, 1996*). L'inhibition de JNK par le diazoxide observée dans notre modèle, ne serait donc pas due aux ROS provenant de l'ouverture des canaux mitoK$_{ATP}$.

Nos résultats ont donc montré que l'ouverture pharmacologique des canaux mitoK$_{ATP}$ diminuait l'activité de JNK pendant la réoxygénation, mais n'avait aucun effet sur l'activité de ERK. Ces résultats ont pu être récemment confirmés par des Western Blot réalisés par le Dr. Stéphany Gardier dans le laboratoire. La diminution d'activité de JNK est significative après 30 et 40 minutes de réoxygénation, temps auxquels la récupération fonctionnelle est quasi complète. La diminution de l'activité de JNK pourrait donc jouer un rôle dans l'amélioration de la récupération postanoxique du couplage E-C ventriculaire induite par l'activation des canaux mitoK$_{ATP}$. Des études complémentaires sont donc nécessaires pour caractériser les voies de signalisation impliquées dans la cardioprotection induite par le diazoxide.

CONCLUSION ET PERSPECTIVES

Dans le contexte actuel des progrès en médecine fœtale et néonatale, ce travail a permis de caractériser les réponses électriques, mécaniques et biochimiques du cœur embryonnaire soumis à un stress hypoxique transitoire. En outre, certains mécanismes de cardioprotection ont été mis en évidence. L'approche expérimentale a été à la fois fonctionnelle (ECG, contractilité et production radicalaire), biochimique (activité kinase et glycogène) et pharmacologique (modulateurs des canaux K_{ATP}).

Ce travail a permis, pour la première fois, d'identifier dans le cœur embryonnaire, les types d'arythmies déclenchées par un manque d'oxygène suivi d'une réoxygénation. Ces arythmies ainsi que le stress oxydatif et la sidération du myocarde immature, ressemblent en grande partie à ce qui est observé dans le cœur adulte soumis à un épisode d'ischémie-reperfusion. De plus, le fait que l'oreillette tolère mieux l'anoxie-réoxygénation que le ventricule suggère qu'une sensibilité différentielle au stress s'établit précocement au cours de la cardiogenèse.

Concernant les mécanismes à l'origine de ces dysfonctionnements, nous avons pu démontrer le rôle important que le NO endogène et exogène jouait dans la récupération post-anoxique du couplage excitation-contraction ventriculaire. De plus, nos résultats prouvent que l'activation pharmacologique des canaux K_{ATP} mitochondriaux améliore cette récupération par des voies de signalisation cellulaire impliquant à la fois les radicaux d'oxygène, principalement d'origine mitochondriale, les protéines kinases C et le NO (Figure 25). Nous avons également montré que l'activation des canaux mitoK_{ATP} réduisait l'activité de JNK pendant la réoxygénation, suggérant que cette MAP Kinase est impliquée dans les processus de cardioprotection.

Concernant les perspectives expérimentales, les troubles de la conduction auriculo-ventriculaire observés dans ce travail pourraient résulter d'une modification de la conductance des jonctions communicantes, dont l'état de phosphorylation au cours de l'anoxie-réoxygénation pourrait être déterminé. D'autre part, il a été montré que le pore mitochondrial de perméabilité transitoire (MPTP) et les protéines découplantes (UCP) jouaient un rôle dans les voies de signalisation impliquées dans la cardioprotection. Il est donc imaginable que l'activation des canaux mitoK_{ATP} soit aussi accompagnée d'une modification de ces protéines mitochondriales. Enfin, dans ce travail, nous ne nous sommes intéressés qu'aux MAP Kinases du ventricule, mais leur pattern spatial et temporel d'expression et d'activité dans le cœur embryonnaire mérite d'être établi. En effet, cette approche permettrait de déterminer si les différences régionales de tolérance myocardique à l'hypoxie-réoxygénation sont associées à une activation sélective de MAPK, par exemple p38, ERK ou JNK.

Le cœur embryonnaire isolé représente donc un modèle expérimental utile pour mieux comprendre les mécanismes cellulaires responsables de la réponse myocardique à une hypoxie *in utero* et ainsi améliorer les stratégies thérapeutiques en cardiologie et en chirurgie fœtales.

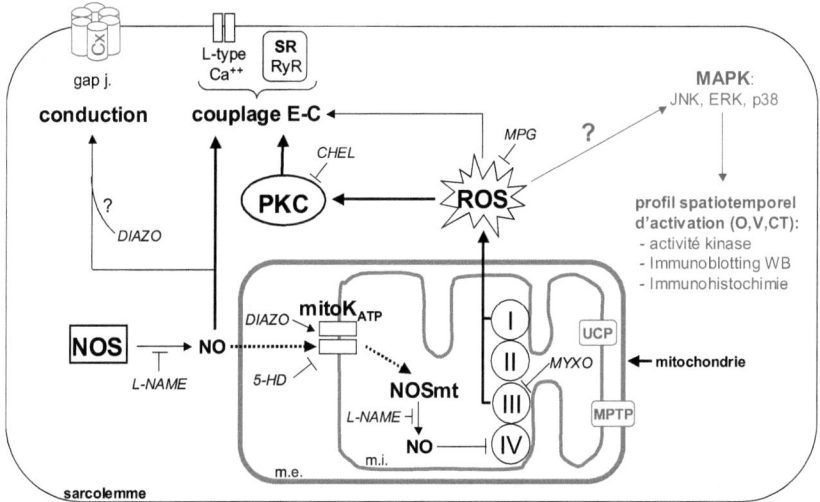

Figure 25 : modèle des voies de signalisation impliquées dans la cardioprotection apportée par l'activation des canaux mitoK$_{ATP}$ et, en vert, les perspectives expérimentales ; gap j. : jonctions communicantes ; Cx : connexines ; L-type Ca^{++} : canaux calciques de type L ; RyR : canaux calciques couplés aux récepteurs à ryanodine ; SR : réticulum sarcoplasmique ; O : oreillette ; V : ventricule ; CT : conotroncus I-IV : complexes de la chaîne respiratoire ; UCP : protéine découplante ; MPTP : pore mitochondrial de perméabilité transitoire ; m.i., m.e. : membranes interne et externe de la mitochondrie (modifié de *Sarre et al., 2005b*).

RÉFÉRENCES BIBLIOGRAPHIQUES

Aikawa R, Nitta-Komatsubara Y, Kudoh S, Takano H, Nagai T, Yazaki Y, Nagai R, Komuro I (2002) Reactive oxygen species induce cardiomyocyte apoptosis partly through TNF-alpha. *Cytokine* 18(4): 179-183.

Akao M, Ohler A, O'Rourke B, Marban E (2001) Mitochondrial ATP-sensitive potassium channels inhibit apoptosis induced by oxidative stress in cardiac cells. *Circ Res* 88(12): 1267-1275.

Akao M, O'Rourke B, Teshima Y, Seharaseyon J, Marban E (2003) Mechanistically distinct steps in the mitochondrial death pathway triggered by oxidative stress in cardiac myocytes. *Circ Res* 92(2): 186-194.

Ala-Rami A, Ylitalo KV, Hassinen IE (2003) Ischaemic preconditioning and a mitochondrial KATP channel opener both produce cardioprotection accompanied by F1F0-ATPase inhibition in early ischaemia. *Basic Res Cardiol* 98(4): 250-258.

Allen DG, Xiao XH (2003) Role of the cardiac Na+/H+ exchanger during ischemia and reperfusion. *Cardiovasc Res* 57(4): 934-941.

Ambrosio G, Tritto I (2002) Myocardial reperfusion injury. *Eur Heart J Supplements* 4(Suppl B): B28-B30.

Anaya-Prado R, Toledo-Pereyra LH, Lentsch AB, Ward PA (2002) Ischemia/reperfusion injury. *J Surg Res* 105(2): 248-258.

Ardehali H, Chen Z, Ko Y, Mejia-Alvarez R, Marban E (2004) Multiprotein complex containing succinate dehydrogenase confers mitochondrial ATP-sensitive K+ channel activity. *Proc Natl Acad Sci U S A* 101(32): 11880-11885.

Arduini A, Mezzetti A, Porreca E, Lapenna D, DeJulia J, Marzio L, Polidoro G, Cuccurullo F (1988) Effect of ischemia and reperfusion on antioxidant enzymes and mitochondrial inner membrane proteins in perfused rat heart. *Biochim Biophys Acta* 970(2): 113-121.

Argaud L, Gateau-Roesch O, Muntean D, Chalabreysse L, Loufouat J, Robert D, Ovize M (2005) Specific inhibition of the mitochondrial permeability transition prevents lethal reperfusion injury. *J Mol Cell Cardiol* 38(2): 367-374.

Argaud L, Ovize M (2000) [Myocardial metabolism abnormalities during ischemia and reperfusion]. *Arch Mal Coeur Vaiss* 93(1): 87-90.

Assaleh K, Al-Nashash H (2005) A novel technique for the extraction of fetal ECG using polynomial networks. *IEEE Trans Biomed Eng* 52(6): 1148-1152.

Babsky A, Hekmatyar S, Wehrli S, Doliba N, Osbakken M, Bansal N (2002) Influence of ischemic preconditioning on intracellular sodium, pH, and cellular energy status in isolated perfused heart. *Exp Biol Med (Maywood)* 227(7): 520-528.

Bai J, Cederbaum AI (2001) Mitochondrial catalase and oxidative injury. *Biol Signals Recept* 10(3-4): 189-199.

Baines CP, Liu GS, Birincioglu M, Critz SD, Cohen MV, Downey JM (1999) Ischemic preconditioning depends on interaction between mitochondrial KATP channels and actin cytoskeleton. *Am J Physiol* 276(4 Pt 2): H1361-1368.

Baker JE, Contney SJ, Singh R, Kalyanaraman B, Gross GJ, Bosnjak ZJ (2001) Nitric oxide activates the sarcolemmal K(ATP) channel in normoxic and chronically hypoxic hearts by a cyclic GMP-dependent mechanism. *J Mol Cell Cardiol* 33(2): 331-341.

Balligand JL (1999) Regulation of cardiac beta-adrenergic response by nitric oxide. *Cardiovasc Res* 43(3): 607-620.

Baxter GF, Mocanu MM, Brar BK, Latchman DS, Yellon DM (2001) Cardioprotective effects of transforming growth factor-beta1 during early reoxygenation or reperfusion are mediated by p42/p44 MAPK. *J Cardiovasc Pharmacol* 38(6): 930-939.

Bell MR (2004) GP91phox NADPH oxidase ROS generation is a required signalling step in ischaemic preconditioning. *The News Bulletin of the International Society for Heart Research* 12(3): 6-7.

Beswick RA, Dorrance AM, Leite R, Webb RC (2001) NADH/NADPH oxidase and enhanced superoxide production in the mineralocorticoid hypertensive rat. *Hypertension* 38(5): 1107-1111.

Bienengraeber M, Alekseev AE, Abraham MR, Carrasco AJ, Moreau C, Vivaudou M, Dzeja PP, Terzic A (2000) ATPase activity of the sulfonylurea receptor: a catalytic function for the KATP channel complex. *Faseb J* 14(13): 1943-1952.

Boengler K, Dodoni G, Rodriguez-Sinovas A, Cabestrero A, Ruiz-Meana M, Gres P, Konietzka I, Lopez-Iglesias C, Garcia-Dorado D, Di Lisa F, Heusch G, Schulz R (2005) Connexin 43 in cardiomyocyte mitochondria and its increase by ischemic preconditioning. *Cardiovasc Res* 67(2): 234-244.

Bolli R (2001) Cardioprotective function of inducible nitric oxide synthase and role of nitric oxide in myocardial ischemia and preconditioning: an overview of a decade of research. *J Mol Cell Cardiol* 33(11): 1897-1918.

Bolli R, Dawn B, Tang XL, Qiu Y, Ping P, Zhang J, Takano H (1998). Delayed Preconditioning Against Myocardial Stunning : Role of Nitric Oxide as Trigger and Mediator. In: *Delayed Preconditioning and Adaptative Cardioprotection.* Baxter GF, Yellon DM (Kluwer Academic Publishers): p. 29-46.

Bolli R, Marban E (1999) Molecular and cellular mechanisms of myocardial stunning. *Physiol OT* 79(2): 609-634.

Bonaventura J, Gow A (2004) NO and superoxide: opposite ends of the seesaw in cardiac contractility. *Proc Natl Acad Sci USA* 101(47): 16403-16404.

Boucek RJ, Murphy WP, Jr., Paff GH (1959) Electrical and mechanical properties of chick embryo heart chambers. *Circ Res* 7: 787-793.

Bouwman RA, Musters RJ, van Beek-Harmsen BJ, de Lange JJ, Boer C (2004) Reactive oxygen species precede protein kinase C-delta activation independent of adenosine triphosphate-sensitive mitochondrial channel opening in sevoflurane-induced cardioprotection. *Anesthesiology* 100(3): 506-514.

Boveris A, Oshino N, Chance B (1972) The cellular production of hydrogen peroxide. *Biochem J* 128(3): 617-630.

Brigadeau F, Gele P, Marquie C, Soudan B, Lacroix D (2005) Ventricular arrhythmias following exposure of failing hearts to oxidative stress in vitro. *J Cardiovasc Electrophysiol* 16(6): 629-636.

Brown GC, Borutaite V (2001) Nitric oxide, mitochondria, and cell death. *IUBMB Life* 52(3-5): 189-195.

Carroll R, Gant VA, Yellon DM (2001) Mitochondrial K(ATP) channel opening protects a human atrial-derived cell line by a mechanism involving free radical generation. *Cardiovasc Res* 51(4): 691-700.

Charlat ML, O'Neill PG, Hartley CJ, Roberts R, Bolli R (1989) Prolonged abnormalities of left ventricular diastolic wall thinning in the "stunned" myocardium in conscious dogs: time course and relation to systolic function. *J Am Coll Cardiol* 13(1): 185-194.

Cohen MV, Baines CP, Downey JM (2000) Ischemic preconditioning: from adenosine receptor to KATP channel. *Annu Rev Physiol* 62: 79-109.

Cotton JM, Kearney MT, Shah AM (2002) Nitric oxide and myocardial function in heart failure: friend or foe? *Heart* 88(6): 564-566.

Das B, Sarkar C (2003a) Cardiomyocyte mitochondrial K(ATP) channels participate in the antiarrhythmic and antiinfarct effects of K(ATP) activators during ischemia and reperfusion in an intact anesthetized rabbit model. *Pol J Pharmacol* 55(5): 771-776.

Das B, Sarkar C (2003b) Mitochondrial K(ATP) channel activation is important in the antiarrhythmic and cardioprotective effects of non-hypotensive doses of nicorandil and cromakalim during ischemia/reperfusion: a study in an intact anesthetized rabbit model. *Pharmacol Res* 47(6): 447-461.

Dhalla NS, Temsah RM, Netticadan T (2000) Role of oxidative stress in cardiovascular diseases. *J Hypertens* 18(6): 655-673.

Dos Santos P, Kowaltowski AJ, Laclau MN, Seetharaman S, Paucek P, Boudina S, Thambo JB, Tariosse L, Garlid KD (2002) Mechanisms by which opening the mitochondrial ATP- sensitive K(+) channel protects the ischemic heart. *Am J Physiol Heart Circ Physiol* 283(1): H284-295.

Driamov S, Bellahcene M, Ziegler A, Barbosa V, Traub D, Butz S, Buser PT, Zaugg CE (2004) Antiarrhythmic effect of ischemic preconditioning during low-flow ischemia. The role of bradykinin and sarcolemmal versus mitochondrial ATP-sensitive K(+) channels. *Basic Res Cardiol* 99(4): 299-308.

Dzeja PP, Bast P, Ozcan C, Valverde A, Holmuhamedov EL, Van Wylen DG, Terzic A (2003) Targeting nucleotide-requiring enzymes: implications for diazoxide-induced cardioprotection. *Am J Physiol Heart Circ Physiol* 284(4): H1048-1056.

Eaton M, Hernandez L, Schaefer S (2005) Ischemic preconditioning and diazoxide limit mitochondrial Ca2+ overload during ischemia/reperfusion: Role of reactive oxygen species. *Exp Clin Cardiol* 10(2): 96-103.

Eliseev RA, Vanwinkle B, Rosier RN, Gunter TE (2004) Diazoxide-mediated preconditioning against apoptosis involves activation of cAMP-response element-binding protein (CREB) and NFkappaB. *J Biol Chem* 279(45): 46748-46754.

Enkvetchakul D, Nichols CG (2003) Gating mechanism of KATP channels: function fits form. *J Gen Physiol* 122(5): 471-480.

Facundo HT, de Paula JG, Kowaltowski AJ (2005) Mitochondrial ATP-Sensitive K+ Channels Prevent Oxidative Stress, Permeability Transition and Cell Death. *J Bioenerg Biomembr* 37(2): 75-82.

Feng J, Li H, Rosenkranz ER (2003) K(ATP) channel opener protects neonatal rabbit heart better than St. Thomas' solution. *J Surg Res* 109(2): 69-73.

Ferrandi C, Ballerio R, Gaillard P, Giachetti C, Carboni S, Vitte PA, Gotteland JP, Cirillo R (2004) Inhibition of c-Jun N-terminal kinase decreases cardiomyocyte apoptosis and infarct size after myocardial ischemia and reperfusion in anaesthetized rats. *Br J Pharmacol* 142(6): 953-960.

Ferranti R, da Silva MM, Kowaltowski AJ (2003) Mitochondrial ATP-sensitive K+ channel opening decreases reactive oxygen species generation. *FEBS Lett* 536(1-3): 51-55.

Ferrari R, Guardigli G, Mele D, Percoco GF, Ceconi C, Curello S (2004) Oxidative stress during myocardial ischaemia and heart failure. *Curr Pharm Des* 10(14): 1699-1711.

Fitzpatrick CM, Shi Y, Hutchins WC, Su J, Gross GJ, Ostadal B, Tweddell JS, Baker JE (2005) Cardioprotection in chronically hypoxic rabbits persists on exposure to normoxia: role of NOS and KATP channels. *Am J Physiol Heart Circ Physiol* 288(1): H62-68.

Forbes RA, Steenbergen C, Murphy E (2001) Diazoxide-induced cardioprotection requires signaling through a redox- sensitive mechanism. *Circ Res* 88(8): 802-809.

Fryer RM, Eells JT, Hsu AK, Henry MM, Gross GJ (2000) Ischemic preconditioning in rats: role of mitochondrial K(ATP) channel in preservation of mitochondrial function. *Am J Physiol Heart Circ Physiol* 278(1): H305-312.

Fujita A, Kurachi Y (2000) Molecular aspects of ATP-sensitive K+ channels in the cardiovascular system and K+ channel openers. *Pharmacol Ther* 85(1): 39-53.

Ganote CE (1983) Contraction band necrosis and irreversible myocardial injury. *J Mol Cell Cardiol* 15(2): 67-73.

Gao F, Yue TL, Shi DW, Christopher TA, Lopez BL, Ohlstein EH, Barone FC, Ma XL (2002) p38 MAPK inhibition reduces myocardial reperfusion injury via inhibition of endothelial adhesion molecule expression and blockade of PMN accumulation. *Cardiovasc Res* 53(2): 414-422.

Garlid KD (2000) Opening mitochondrial K(ATP) in the heart--what happens, and what does not happen. *Basic Res Cardiol* 95(4): 275-279.

Garlid KD, Dos Santos P, Xie ZJ, Costa AD, Paucek P (2003) Mitochondrial potassium transport: the role of the mitochondrial ATP-sensitive K(+) channel in cardiac function and cardioprotection. *Biochim Biophys Acta* 1606(1-3): 1-21.

Garlid KD, Paucek P, Yarov-Yarovoy V, Murray HN, Darbenzio RB, D'Alonzo AJ, Lodge NJ, Smith MA, Grover GJ (1997) Cardioprotective effect of diazoxide and its interaction with mitochondrial ATP-sensitive K+ channels. Possible mechanism of cardioprotection. *Circ Res* 81(6): 1072-1082.

Garlid KD, Paucek P, Yarov-Yarovoy V, Sun X, Schindler PA (1996) The mitochondrial KATP channel as a receptor for potassium channel openers. *J Biol Chem* 271(15): 8796-8799.

Genova ML, Ventura B, Giuliano G, Bovina C, Formiggini G, Parenti Castelli G, Lenaz G (2001) The site of production of superoxide radical in mitochondrial Complex I is not a bound ubisemiquinone but presumably iron-sulfur cluster N2. *FEBS Lett* 505(3): 364-368.

Giordano FJ (2005) Oxygen, oxidative stress, hypoxia, and heart failure. *J Clin Invest* 115(3): 500-508.

Gourine AV, Molosh AI, Poputnikov D, Bulhak A, Sjoquist PO, Pernow J (2005) Endothelin-1 exerts a preconditioning-like cardioprotective effect against ischaemia/reperfusion injury via the ET(A) receptor and the mitochondrial K(ATP) channel in the rat in vivo. *Br J Pharmacol* 144(3): 331-337.

Grigoriev SM, Skarga YY, Mironova GD, Marinov BS (1999) Regulation of mitochondrial KATP channel by redox agents. *Biochim Biophys Acta* 1410(1): 91-96.

Gross ER, Peart JN, Hsu AK, Grover GJ, Gross GJ (2003) K(ATP) opener-induced delayed cardioprotection: involvement of sarcolemmal and mitochondrial K(ATP) channels, free radicals and MEK1/2. *J Mol Cell Cardiol* 35(8): 985-992.

Gryshchenko O, Fischer IR, Dittrich M, Viatchenko-Karpinski S, Soest J, Bohm-Pinger MM, Igelmund P, Fleischmann BK, Hescheler J (1999) Role of ATP-dependent K(+) channels in the electrical excitability of early embryonic stem cell-derived cardiomyocytes. *J Cell Sci* 112 (Pt 17): 2903-2912.

Gupte SA, Kaminski PM, Floyd B, Agarwal R, Ali N, Ahmad M, Edwards J, Wolin MS (2005) Cytosolic NADPH may regulate differences in basal Nox oxidase-derived superoxide generation in bovine coronary and pulmonary arteries. *Am J Physiol Heart Circ Physiol* 288(1): H13-21.

Halestrap AP, Clarke SJ, Javadov SA (2004) Mitochondrial permeability transition pore opening during myocardial reperfusion--a target for cardioprotection. *Cardiovasc Res* 61(3): 372-385.

Halliwell B, Gutteridge JMC (1998a). Detection of hydrogen peroxide. In: *Free Radicals in Biology and Medicine, Third edition*, ed. (Oxford University Press): p. 380-388.

Halliwell B, Gutteridge JMC (1998b). Oxygen is a toxic gas - an introduction to oxygen toxicicty and reactive oxygen species. In: *Free Radicals in Biology and Medicine., Third edition*, ed. Oxford (Oxford University Press): p. 1-35.

Hamburger V, Hamilton H (1951) A series of normal stages in the development of the chick embryo. *J Morphol* 88: 49-92.

Hanley PJ, Daut J (2005) K(ATP) channels and preconditioning: a re-examination of the role of mitochondrial K(ATP) channels and an overview of alternative mechanisms. *J Mol Cell Cardiol* 39(1): 17-50.

Harada N, Miura T, Dairaku Y, Kametani R, Shibuya M, Wang R, Kawamura S, Matsuzaki M (2004) NO donor-activated PKC-delta plays a pivotal role in ischemic myocardial protection through accelerated opening of mitochondrial K-ATP channels. *J Cardiovasc Pharmacol* 44(1): 35-41.

Hare JM (2003) Nitric oxide and excitation-contraction coupling. *J Mol Cell Cardiol* 35(7): 719-729.

Hausenloy D, Wynne A, Duchen M, Yellon D (2004) Transient mitochondrial permeability transition pore opening mediates preconditioning-induced protection. *Circulation* 109(14): 1714-1717.

Hausenloy DJ, Tsang A, Mocanu MM, Yellon DM (2005) Ischemic preconditioning protects by activating prosurvival kinases at reperfusion. *Am J Physiol Heart Circ Physiol* 288(2): H971-976.

Hearse DJ (1992). Myocardial injury during ischemia and reperfusion.
Concepts and controverties. In: *Myocardial Protection: The Pathophysiology of Reperfusion and Reperfusion Injury* Raven Press L13-33.

Herrero A, Barja G (2000) Localization of the Site of Oxygen Radical Generation inside the Complex I of Heart and Nonsynaptic Brain Mammalian Mitochondria. *J Bioenerg Biomembr* 32(6): 609-615.

Herrero A, Barja G (1997) Sites and mechanisms responsible for the low rate of free radical production of heart mitochondria in the long-lived pigeon. *Mech Ageing Dev* 98(2): 95-111.

Heusch G (1998) Hibernating myocardium. *Physiol Rev* 78(4): 1055-1085.

Hoff EC, Kramer TC, Dubois D, Patten BM (1939) The development of the electrocardiogram of the embryonic heart. *The American Heart Journal* 17: 471-488.

Hoffmeister HM, Mauser M, Schaper W (1986) Repeated short periods of regional myocardial ischemia: effect on local function and high energy phosphate levels. *Basic Res Cardiol* 81(4): 361-372.

Hreniuk D, Garay M, Gaarde W, Monia BP, McKay RA, Cioffi CL (2001) Inhibition of c-Jun N-terminal kinase 1, but not c-Jun N-terminal kinase 2, suppresses apoptosis induced by ischemia/reoxygenation in rat cardiac myocytes. *Mol Pharmacol* 59(4): 867-874.

Ichinose M, Yonemochi H, Sato T, Saikawa T (2003) Diazoxide triggers cardioprotection against apoptosis induced by oxidative stress. *Am J Physiol Heart Circ Physiol* 284(6): H2235-2241.

Inoue I, Nagase H, Kishi K, Higuti T (1991) ATP-sensitive K+ channel in the mitochondrial inner membrane. *Nature* 352(6332): 244-247.

Jain SK, Schuessler RB, Saffitz JE (2003) Mechanisms of delayed electrical uncoupling induced by ischemic preconditioning. *Circ Res* 92(10): 1138-1144.

Jassem W, Fuggle SV, Rela M, Koo DD, Heaton ND (2002) The role of mitochondria in ischemia/reperfusion injury. *Transplantation* 73(4): 493-499.

Javadov S, Huang C, Kirshenbaum L, Karmazyn M (2005) NHE-1 inhibition improves impaired mitochondrial permeability transition and respiratory function during postinfarction remodelling in the rat. *J Mol Cell Cardiol* 38(1): 135-143.

Jeroudi MO, Hartley CJ, Bolli R (1994) Myocardial reperfusion injury: role of oxygen radicals and potential therapy with antioxidants. *Am J Cardiol* 73(6): 2B-7B.

Kaiser RA, Liang Q, Bueno OF, Huang Y, Lackey T, Klevitsky R, Hewett TE, Molkentin JD (2005) Genetic inhibition or activation of JNK1/2 each protect the Myocardium from Ischemia-reperfusion-induced cell death in vivo. *J Biol Chem* 280(38): 32602-32608.

Kanai AJ, Pearce LL, Clemens PR, Birder LA, VanBibber MM, Choi SY, de Groat WC, Peterson J (2001) Identification of a neuronal nitric oxide synthase in isolated cardiac mitochondria using electrochemical detection. *Proc Natl Acad Sci U S A* 98(24): 14126-14131.

Kaneko M, Masuda H, Suzuki H, Matsumoto Y, Kobayashi A, Yamazaki N (1993) Modification of contractile proteins by oxygen free radicals in rat heart. *Mol Cell Biochem* 125(2): 163-169.

Kelly RG (2002). Cardiopathies congénitales: apports des modèles murins. In: *Biologie et Pathologie du Coeur et des Vaisseaux* Flammarion631-645.

Khaliulin I, Schwalb H, Wang P, Houminer E, Grinberg L, Katzeff H, Borman JB, Powell SR (2004) Preconditioning improves postischemic mitochondrial function and diminishes oxidation of mitochondrial proteins. *Free Radic Biol Med* 37(1): 1-9.

Kim YM, Guzik TJ, Zhang YH, Zhang MH, Kattach H, Ratnatunga C, Pillai R, Channon KM, Casadei B (2005) A myocardial Nox2 containing NAD(P)H oxidase contributes to oxidative stress in human atrial fibrillation. *Circ Res* 97(7): 629-636.

Kimura S, Zhang GX, Nishiyama A, Shokoji T, Yao L, Fan YY, Rahman M, Abe Y (2005) Mitochondria-derived reactive oxygen species and vascular MAP kinases: comparison of angiotensin II and diazoxide. *Hypertension* 45(3): 438-444.

Knight RJ, Buxton DB (1996) Stimulation of c-Jun kinase and mitogen-activated protein kinase by ischemia and reperfusion in the perfused rat heart. *Biochem Biophys Res Commun* 218(1): 83-88.

Kolesari GL, Schnitzler HJ, Rajala GM, Lewan RB, Kaplan S (1988) The antidysrhythmic effect of metoprolol in the epinephrine treated chick embryo. *Life Sci* 42(11): 1159-1163.

Kowaltowski AJ, Castilho RF, Grijalba MT, Bechara EJ, Vercesi AE (1996) Effect of inorganic phosphate concentration on the nature of inner mitochondrial membrane alterations mediated by Ca2+ ions. A proposed model for phosphate-stimulated lipid peroxidation. *J Biol Chem* 271(6): 2929-2934.

Krause KH (2004) Tissue distribution and putative physiological function of NOX family NADPH oxidases. *Jpn J Infect Dis* 57(5): S28-29.

Krenz M, Oldenburg O, Wimpee H, Cohen MV, Garlid KD, Critz SD, Downey JM, Benoit JN (2002) Opening of ATP-sensitive potassium channels causes generation of free radicals in vascular smooth muscle cells. *Basic Res Cardiol* 97(5): 365-373.

Kristiansen SB, Nielsen-Kudsk JE, Botker HE, Nielsen TT (2005) Effects of KATP channel modulation on myocardial glycogen content, lactate, and amino acids in nonischemic and ischemic rat hearts. *J Cardiovasc Pharmacol* 45(5): 456-461.

Kulisz A, Chen N, Chandel NS, Shao Z, Schumacker PT (2002) Mitochondrial ROS initiate phosphorylation of p38 MAP kinase during hypoxia in cardiomyocytes. *Am J Physiol Lung Cell Mol Physiol* 282(6): L1324-1329.

Lacza Z, Snipes JA, Kis B, Szabo C, Grover G, Busija DW (2003a) Investigation of the subunit composition and the pharmacology of the mitochondrial ATP-dependent K(+) channel in the brain. *Brain Res* 994(1): 27-36.

Lacza Z, Snipes JA, Miller AW, Szabo C, Grover G, Busija DW (2003b) Heart mitochondria contain functional ATP-dependent K+ channels. *J Mol Cell Cardiol* 35(11): 1339-1347.

Ladilov Y, Maxeiner H, Wolf C, Schafer C, Meuter K, Piper HM (2002) Role of protein phosphatases in hypoxic preconditioning. *Am J Physiol Heart Circ Physiol* 283(3): H1092-1098.

Larsen CM, Wadt KA, Juhl LF, Andersen HU, Karlsen AE, Su MS, Seedorf K, Shapiro L, Dinarello CA, Mandrup-Poulsen T (1998) Interleukin-1beta-induced rat pancreatic islet nitric oxide synthesis requires both the p38 and extracellular signal-regulated kinase 1/2 mitogen-activated protein kinases. *J Biol Chem* 273(24): 15294-15300.

Lau C, Rogers JM (2004) Embryonic and fetal programming of physiological disorders in adulthood. *Birth Defects Res C Embryo Today* 72(4): 300-312.

Lebuffe G, Schumacker PT, Shao ZH, Anderson T, Iwase H, Vanden Hoek TL (2003) ROS and NO trigger early preconditioning: relationship to mitochondrial KATP channel. *Am J Physiol Heart Circ Physiol* 284(1): H299-308.

Lecoultre V, Sarre A, Schenk F, Raddatz E (2004) Erythropoietin affects atrial glycogen metabolism and atrio-ventricular conduction in the anoxic-reoxygenated developing heart. *10th Cardiovascular Biology and Clinical Implications Meeting* (Abstract 59).

Lecour S, Rochette L, Opie L (2005) Free radicals trigger TNF alpha-induced cardioprotection. *Cardiovasc Res* 65(1): 239-243.

Leducq N, Bono F, Sulpice T, Vin V, Janiak P, Fur GL, O'Connor SE, Herbert JM (2003) Role of peripheral benzodiazepine receptors in mitochondrial, cellular, and cardiac damage induced by oxidative stress and ischemia-reperfusion. *J Pharmacol Exp Ther* 306(3): 828-837.

Lee YM, Chen HR, Hsiao G, Sheu JR, Wang JJ, Yen MH (2002) Protective effects of melatonin on myocardial ischemia/reperfusion injury in vivo. *J Pineal Res* 33(2): 72-80.

Lesnefsky EJ, Moghaddas S, Tandler B, Kerner J, Hoppel CL (2001) Mitochondrial dysfunction in cardiac disease: ischemia--reperfusion, aging, and heart failure. *J Mol Cell Cardiol* 33(6): 1065-1089.

Li C, Jackson RM (2002) Reactive species mechanisms of cellular hypoxia-reoxygenation injury. *Am J Physiol Cell Physiol* 282(2): C227-241.

Li G, Bae S, Zhang L (2004) Effect of prenatal hypoxia on heat stress-mediated cardioprotection in adult rat heart. *Am J Physiol Heart Circ Physiol* 286(5): H1712-1719.

Li JM, Mullen AM, Yun S, Wientjes F, Brouns GY, Thrasher AJ, Shah AM (2002) Essential role of the NADPH oxidase subunit p47(phox) in endothelial cell superoxide production in response to phorbol ester and tumor necrosis factor-alpha. *Circ Res* 90(2): 143-150.

Lipsic E, van der Meer P, Henning RH, Suurmeijer AJ, Boddeus KM, van Veldhuisen DJ, van Gilst WH, Schoemaker RG (2004) Timing of erythropoietin treatment for cardioprotection in ischemia/reperfusion. *J Cardiovasc Pharmacol* 44(4): 473-479.

Liu H, Zhang HY, Zhu X, Shao Z, Yao Z (2002) Preconditioning blocks cardiocyte apoptosis: role of K(ATP) channels and PKC-epsilon. *Am J Physiol Heart Circ Physiol* 282(4): H1380-1386.

Liu Y, Zhao H, Li H, Kalyanaraman B, Nicolosi AC, Gutterman DD (2003) Mitochondrial sources of H2O2 generation play a key role in flow-mediated dilation in human coronary resistance arteries. *Circ Res* 93(6): 573-580.

Logue SE, Gustafsson AB, Samali A, Gottlieb RA (2005) Ischemia/reperfusion injury at the intersection with cell death. *J Mol Cell Cardiol* 38(1): 21-33.

Lopaschuk GD, Collins-Nakai RL, Itoi T (1992) Developmental changes in energy substrate use by the heart. *Cardiovasc Res* 26(12): 1172-1180.

Louch WE, Ferrier GR, Howlett SE (2002) Changes in excitation-contraction coupling in an isolated ventricular myocyte model of cardiac stunning. *Am J Physiol Heart Circ Physiol* 283(2): H800-810.

Lowry O, Rosebrough N, Farr A, Randall R (1951) Protein measurement with the Folin phenol reagent. *J Biol Chem* 193: 265-275.

Lyon X, Kappenberger L, Sedmera D, Rochat AC, Kucera P, Raddatz E (2001) Pacing redistributes glycogen within the developing myocardium. *J Mol Cell Cardiol* 33(3): 513-520.

MacCarthy PA, Shah AM (2003) Oxidative stress and heart failure. *Coron Artery Dis* 14(2): 109-113.

Mackay K, Mochly-Rosen D (2001) Localization, anchoring, and functions of protein kinase C isozymes in the heart. *J Mol Cell Cardiol* 33(7): 1301-1307.

Manner J (2000) Cardiac looping in the chick embryo: a morphological review with special reference to terminological and biomechanical aspects of the looping process. *Anat Rec* 259(3): 248-262.

Mansfield KD, Simon MC, Keith B (2004) Hypoxic reduction in cellular glutathione levels requires mitochondrial reactive oxygen species. *J Appl Physiol* 97(4): 1358-1366.

Marczin N, Bundy RE, Hoare GS, Yacoub M (2003) Redox regulation following cardiac ischemia and reperfusion. *Coron Artery Dis* 14(2): 123-133.

Marin-Garcia J, Goldenthal MJ (2004) Heart mitochondria signaling pathways: appraisal of an emerging field. *J Mol Med* 82(9): 565-578.

Massion PB, Feron O, Dessy C, Balligand JL (2003) Nitric oxide and cardiac function: ten years after, and continuing. *Circ Res* 93(5): 388-398.

Maury JP, Sarre A, Terrand J, Rosa A, Kucera P, Kappenberger L, Raddatz E (2004) Ventricular but not atrial electro-mechanical delay of the embryonic heart is altered by anoxia-reoxygenation and improved by nitric oxide. *Mol Cell Biochem* 265: 141-149.

McCord JM, Fridovich I (1969) Superoxide dismutase. An enzymic function for erythrocuprein (hemocuprein). *J Biol Chem* 244(22): 6049-6055.

McLennan HR, Degli Esposti M (2000) The contribution of mitochondrial respiratory complexes to the production of reactive oxygen species. *J Bioenerg Biomembr* 32(2): 153-162.

Meiltz A, Kucera P, de Ribaupierre Y, Raddatz E (1998) Inhibition of bicarbonate transport protects embryonic heart against reoxygenation-induced dysfunction. *J Mol Cell Cardiol* 30(2): 327-335.

Mellin V, Isabelle M, Oudot A, Vergely-Vandriesse C, Monteil C, Di Meglio B, Henry JP, Dautreaux B, Rochette L, Thuillez C, Mulder P (2005) Transient reduction in myocardial free oxygen radical levels is involved in the improved cardiac function and structure after long-term allopurinol treatment initiated in established chronic heart failure. *Eur Heart J* 26(15): 1544-1550.

Mery PF, Pavoine C, Belhassen L, Pecker F, Fischmeister R (1993) Nitric oxide regulates cardiac Ca2+ current. Involvement of cGMP- inhibited and cGMP-stimulated phosphodiesterases through guanylyl cyclase activation. *J Biol Chem* 268(35): 26286-26295.

Michel MC, Li Y, Heusch G (2001) Mitogen-activated protein kinases in the heart. *Naunyn Schmiedebergs Arch Pharmacol* 363(3): 245-266.

Minners J, Lacerda L, McCarthy J, Meiring JJ, Yellon DM, Sack MN (2001) Ischemic and pharmacological preconditioning in Girardi cells and C2C12 myotubes induce mitochondrial uncoupling. *Circ Res* 89(9): 787-792.

Mizukami Y, Iwamatsu A, Aki T, Kimura M, Nakamura K, Nao T, Okusa T, Matsuzaki M, Yoshida K, Kobayashi S (2004) ERK1/2 regulates intracellular ATP levels through alpha-enolase expression in cardiomyocytes exposed to ischemic hypoxia and reoxygenation. *J Biol Chem* 279(48): 50120-50131.

Mocanu MM, Bell RM, Yellon DM (2002) PI3 kinase and not p42/p44 appears to be implicated in the protection conferred by ischemic preconditioning. *J Mol Cell Cardiol* 34(6): 661-668.

Moon CH, Kim MY, Kim MJ, Kim MH, Lee S, Yi KY, Yoo SE, Lee DH, Lim H, Kim HS, Lee SH, Baik EJ, Jung YS (2004) KR-31378, a novel benzopyran analog, attenuates hypoxia-induced cell death via mitochondrial KATP channel and protein kinase C-epsilon in heart-derived H9c2 cells. *Eur J Pharmacol* 506(1): 27-35.

Moorman AF, Schumacher CA, de Boer PA, Hagoort J, Bezstarosti K, van den Hoff MJ, Wagenaar GT, Lamers JM, Wuytack F, Christoffels VM, Fiolet JW (2000) Presence of functional sarcoplasmic reticulum in the developing heart and its confinement to chamber myocardium. *Dev Biol* 223(2): 279-290.

Moreau C, Prost AL, Derand R, Vivaudou M (2005) SUR, ABC proteins targeted by K(ATP) channel openers. *J Mol Cell Cardiol* 38(6): 951-963.

Murata M, Akao M, O'Rourke B, Marban E (2001) Mitochondrial ATP-sensitive potassium channels attenuate matrix Ca(2+) overload during simulated ischemia and reperfusion: possible mechanism of cardioprotection. *Circ Res* 89(10): 891-898.

Murrant CL, Reid MB (2001) Detection of reactive oxygen and reactive nitrogen species in skeletal muscle. *Microsc Res Tech* 55(4): 236-248.

Murray J, Taylor SW, Zhang B, Ghosh SS, Capaldi RA (2003) Oxidative damage to mitochondrial complex I due to peroxynitrite: identification of reactive tyrosines by mass spectrometry. *J Biol Chem* 278(39): 37223-37230.

Murry CE, Jennings RB, Reimer KA (1986) Preconditioning with ischemia: a delay of lethal cell injury in ischemic myocardium. *Circulation* 74(5): 1124-1136.

Nagata K, Obata K, Odashima M, Yamada A, Somura F, Nishizawa T, Ichihara S, Izawa H, Iwase M, Hayakawa A, Murohara T, Yokota M (2003) Nicorandil inhibits oxidative stress-induced apoptosis in cardiac myocytes through activation of mitochondrial ATP-sensitive potassium channels and a nitrate-like effect. *J Mol Cell Cardiol* 35(12): 1505-1512.

Nahorski SR, Rogers KJ (1972) An enzymic fluorometric micro method for determination of glycoen. *Anal Biochem* 49(2): 492-497.

Nakano A, Liu GS, Heusch G, Downey JM, Cohen MV (2000) Exogenous nitric oxide can trigger a preconditioned state through a free radical mechanism, but endogenous nitric oxide is not a trigger of classical ischemic preconditioning. *J Mol Cell Cardiol* 32(7): 1159-1167.

Nicholls DG, Ferguson SJ (2002). Respiratory Chains. In: *Bioenergetics 3* (Academic Press): p. 89-131.

Noma A (1983) ATP-regulated K+ channels in cardiac muscle. *Nature* 305(5930): 147-148.

Nozawa Y, Miura T, Miki T, Ohnuma Y, Yano T, Shimamoto K (2003) Mitochondrial K(ATP) channel-dependent and -independent phases of ischemic preconditioning against myocardial infarction in the rat. *Basic Res Cardiol* 98(1): 50-58.

Ockaili R, Emani VR, Okubo S, Brown M, Krottapalli K, Kukreja RC (1999) Opening of mitochondrial KATP channel induces early and delayed cardioprotective effect: role of nitric oxide. *Am J Physiol* 277(6 Pt 2): H2425-2434.

Oldenburg O, Yang XM, Krieg T, Garlid KD, Cohen MV, Grover GJ, Downey JM (2003) P1075 opens mitochondrial K(ATP) channels and generates reactive oxygen species resulting in cardioprotection of rabbit hearts. *J Mol Cell Cardiol* 35(9): 1035-1042.

Omura T, Yoshiyama M, Shimada T, Shimizu N, Kim S, Iwao H, Takeuchi K, Yoshikawa J (1999) Activation of mitogen-activated protein kinases in in vivo ischemia/reperfused myocardium in rats. *J Mol Cell Cardiol* 31(6): 1269-1279.

Ono H, Osanai T, Ishizaka H, Hanada H, Kamada T, Onodera H, Fujita N, Sasaki S, Matsunaga T, Okumura K (2004) Nicorandil improves cardiac function and clinical outcome in patients with acute myocardial infarction undergoing primary percutaneous coronary intervention: role of inhibitory effect on reactive oxygen species formation. *Am Heart J* 148(4): E15.

O'Rourke B (2004) Evidence for mitochondrial K+ channels and their role in cardioprotection. *Circ Res* 94(4): 420-432.

O'Rourke B, Cortassa S, Aon MA (2005) Mitochondrial ion channels: gatekeepers of life and death. *Physiology (Bethesda)* 20: 303-315.

Ozcan C, Bienengraeber M, Dzeja PP, Terzic A (2002) Potassium channel openers protect cardiac mitochondria by attenuating oxidant stress at reoxygenation. *Am J Physiol Heart Circ Physiol* 282(2): H531-539.

Paff GH, Boucek RJ (1975) Conal contribution to the electrocardiogram of chick embryo hearts. *Anat Rec* 182(2): 169-173.

Paff GH, Boucek RJ (1962) Simultaneous electrocardiograms and myograms of the isolated atrium, ventricle and conus of the embryonic chick heart. *Anat Rec* 142: 73-79.

Paff GH, Boucek RJ, Harrell TC (1968) Observations on the development of the electrocardiogram. *Anat Rec* 160(3): 575-582.

Pain T, Yang XM, Critz SD, Yue Y, Nakano A, Liu GS, Heusch G, Cohen MV, Downey JM (2000) Opening of mitochondrial K(ATP) channels triggers the preconditioned state by generating free radicals. *Circ Res* 87(6): 460-466.

Palmer JW, Tandler B, Hoppel CL (1985) Biochemical differences between subsarcolemmal and interfibrillar mitochondria from rat cardiac muscle: effects of procedural manipulations. *Arch Biochem Biophys* 236(2): 691-702.

Palmer JW, Tandler B, Hoppel CL (1986) Heterogeneous response of subsarcolemmal heart mitochondria to calcium. *Am J Physiol* 250(5 Pt 2): H741-748.

Park JW, Roh HY, Jung IS, Yun YP, Yi KY, Yoo SE, Kwon SH, Chung HJ, Shin HS (2005) Effects of [5-(2-Methoxy-5-fluorophenyl)furan-2-ylcarbonyl]guanidine (KR-32560), a Novel Sodium/Hydrogen Exchanger-1 Inhibitor, on Myocardial Infarct Size and Ventricular Arrhythmias in a Rat Model of Ischemia/Reperfusion Heart Injury. *J Pharmacol Sci* 98(4): 439-449.

Paszty K, Verma AK, Padanyi R, Filoteo AG, Penniston JT, Enyedi A (2002) Plasma membrane Ca2+ATPase isoform 4b is cleaved and activated by caspase-3 during the early phase of apoptosis. *J Biol Chem* 277(9): 6822-6829.

Patel HH, Gross GJ (2001) Diazoxide induced cardioprotection: what comes first, K(ATP) channels or reactive oxygen species? *Cardiovasc Res* 51(4): 633-636.

Paucek P, Mironova G, Mahdi F, Beavis AD, Woldegiorgis G, Garlid KD (1992) Reconstitution and partial purification of the glibenclamide-sensitive, ATP-dependent K+ channel from rat liver and beef heart mitochondria. *J Biol Chem* 267(36): 26062-26069.

Paucek P, Yarov-Yarovoy V, Sun X, Garlid KD (1996) Inhibition of the mitochondrial KATP channel by long-chain acyl-CoA esters and activation by guanine nucleotides. *J Biol Chem* 271(50): 32084-32088.

Pearlstein DP, Ali MH, Mungai PT, Hynes KL, Gewertz BL, Schumacker PT (2002) Role of mitochondrial oxidant generation in endothelial cell responses to hypoxia. *Arterioscler Thromb Vasc Biol* 22(4): 566-573.

Perrin C, Vergely C, Rochette L (2004) [Calpains and cardiac diseases]. *Ann Cardiol Angeiol (Paris)* 53(5): 259-266.

Petrosillo G, Ruggiero FM, Di Venosa N, Paradies G (2003) Decreased complex III activity in mitochondria isolated from rat heart subjected to ischemia and reperfusion: role of reactive oxygen species and cardiolipin. *Faseb J.*

Pham FH, Sugden PH, Clerk A (2000) Regulation of protein kinase B and 4E-BP1 by oxidative stress in cardiac myocytes. *Circ Res* 86(12): 1252-1258.

Piper HM, Garcia-Dorado D (1999) Prime causes of rapid cardiomyocyte death during reperfusion. *Ann Thorac Surg* 68(5): 1913-1919.

Piper HM, Garcia-Dorado D, Ovize M (1998) A fresh look at reperfusion injury. *Cardiovasc Res* 38(2): 291-300.

Piper HM, Meuter K, Schafer C (2003) Cellular mechanisms of ischemia-reperfusion injury. *Ann Thorac Surg* 75(2): S644-648.

Poitry S, van Bever L, Coppex F, Roatti A, Baertschi AJ (2003) Differential sensitivity of atrial and ventricular K(ATP) channels to metabolic inhibition. *Cardiovasc Res* 57(2): 468-476.

Pombo CM, Bonventre JV, Avruch J, Woodgett JR, Kyriakis JM, Force T (1994) The stress-activated protein kinases are major c-Jun amino-terminal kinases activated by ischemia and reperfusion. *J Biol Chem* 269(42): 26546-26551.

Portenhauser R, Schafer G, Trolp R (1971) Inhibition of mitochondrial metabolism by the diabetogenic thiadiazine diazoxide. II. Interaction with energy conservation and ion transport. *Biochem Pharmacol* 20(10): 2623-2632.

Quast U, Stephan D, Bieger S, Russ U (2004) The impact of ATP-sensitive K+ channel subtype selectivity of insulin secretagogues for the coronary vasculature and the myocardium. *Diabetes* 53 Suppl 3: S156-164.

Raddatz E, Kucera P, de Ribaupierre Y (1997) Response of the embryonic heart to hypoxia and reoxygenation : An in vitro model. *Exp Clin Cardiol* 2(2): 128-134.

Raddatz E, Maury JP, Kucera P, Kappenberger L, Sarre A (2005) Characterization of arrhythmias in the developing heart subjected to anoxia-reoxygenation. *J Mol Cell Cardiol* 38(6): 1058 (Abstract N°1167).

Raddatz E, Rochat AC (2002) Heterogeneity of oxidant stress in reoxygenated developing heart. *J Mol Cell Cardiol* 34(6): A52 (Abstract).

Rajesh KG, Sasaguri S, Suzuki R, Xing Y, Maeda H (2004) Ischemic preconditioning prevents reperfusion heart injury in cardiac hypertrophy by activation of mitochondrial K(ATP) channels. *Int J Cardiol* 96(1): 41-49.

Ren J, Zhang S, Kovacs A, Wang Y, Muslin AJ (2005) Role of p38alpha MAPK in cardiac apoptosis and remodeling after myocardial infarction. *J Mol Cell Cardiol* 38(4): 617-623.

Robinet A, Hoizey G, Millart H (2005) PI 3-kinase, protein kinase C, and protein kinase A are involved in the trigger phase of beta1-adrenergic preconditioning. *Cardiovasc Res* 66(3): 530-542.

Rodrigo GC, Standen NB (2005) Role of mitochondrial re-energization and Ca(2+) influx in reperfusion injury of metabolically inhibited cardiac myocytes. *Cardiovasc Res* 67(2): 291-300.

Romano R, Rochat AC, Kucera P, De Ribaupierre Y, Raddatz E (2001) Oxidative and glycogenolytic Capacities within the developing chick heart. *Pediatr Res* 49(3): 363-372.

Rosa A, Maury JP, Terrand J, Lyon X, Kucera P, Kappenberger L, Raddatz E (2003) Ectopic pacing at physiological rate improves postanoxic recovery of the developing heart. *Am J Physiol Heart Circ Physiol* 284(6): H2384-2392.

Rousou AJ, Ericsson M, Federman M, Levitsky S, McCully JD (2004) Opening of mitochondrial KATP channels enhances cardioprotection through the modulation of mitochondrial matrix volume, calcium accumulation, and respiration. *Am J Physiol Heart Circ Physiol* 287(5): H1967-1976.

Rumsey WL, Abbott B, Bertelsen D, Mallamaci M, Hagan K, Nelson D, Erecinska M (1999) Adaptation to hypoxia alters energy metabolism in rat heart. *Am J Physiol* 276(1 Pt 2): H71-80.

Saavedra WF, Paolocci N, St John ME, Skaf MW, Stewart GC, Xie JS, Harrison RW, Zeichner J, Mudrick D, Marban E, Kass DA, Hare JM (2002) Imbalance between xanthine oxidase and nitric oxide synthase signaling pathways underlies mechanoenergetic uncoupling in the failing heart. *Circ Res* 90(3): 297-304.

Sakai T, Yada T, Hirota A, Komuro H, Kamino K (1998) A regional gradient of cardiac intrinsic rhythmicity depicted in embryonic cultured multiple hearts. *Pflugers Arch* 437(1): 61-69.

Samavati L, Monick MM, Sanlioglu S, Buettner GR, Oberley LW, Hunninghake GW (2002) Mitochondrial K(ATP) channel openers activate the ERK kinase by an oxidant-dependent mechanism. *Am J Physiol Cell Physiol* 283(1): C273-281.

Sarre A, Gardier S, Thomas AC, Raddatz E (2005a) MitoKATP channel opening differentially modulates JNK, ERK and p38 MAPK activation in the developing heart submitted to anoxia-reoxygenation. *Kardiovasculäre Medizin - Médecine cardiovasculaire* 8(Suppl 10): S16 (Abstract P38).

Sarre A, Lange N, Kucera P, Raddatz E (2005b) mitoKATP channel activation in the postanoxic developing heart protects E-C coupling via NO-, ROS-, and PKC-dependent pathways. *Am J Physiol Heart Circ Physiol* 288(4): H1611-1619.

Sarre A, Maury JP, Kappenberger L, Raddatz E (2005c) Electrocardiographic characterization of the embryonic heart subjected to anoxia-reoxygenation: an in vitro model. *Europace* 7(Supplement 1): 73 (Abstract 356).

Sarre A, Maury JP, Kucera P, Kappenberger L, Raddatz E (2005d) Characterization of arrhythmias in the developing heart subjected to anoxia-reoxygenation. *Arch Mal Coeur Vaiss* 98(4: 390 (Abstract 06-18)).

Sasaki N, Sato T, Ohler A, O'Rourke B, Marban E (2000) Activation of mitochondrial ATP-dependent potassium channels by nitric oxide. *Circulation* 101(4): 439-445.

Sato M, Cordis GA, Maulik N, Das DK (2000) SAPKs regulation of ischemic preconditioning. *Am J Physiol Heart Circ Physiol* 279(3): H901-907.

Schafer G, Portenhauser R, Trolp R (1971) Inhibition of mitochondrial metabolism by the diabetogenic thiadiazine diazoxide. I. Action on succinate dehydrogenase and TCA-cycle oxidations. *Biochem Pharmacol* 20(6): 1271-1280.

Schultz JE, Hsu AK, Gross GJ (1996) Morphine mimics the cardioprotective effect of ischemic preconditioning via a glibenclamide-sensitive mechanism in the rat heart. *Circ Res* 78(6): 1100-1104.

Schulz R, Belosjorow S, Gres P, Jansen J, Michel MC, Heusch G (2002) p38 MAP kinase is a mediator of ischemic preconditioning in pigs. *Cardiovasc Res* 55(3): 690-700.

Schulz R, Heusch G (2004) Connexin 43 and ischemic preconditioning. *Cardiovasc Res* 62(2): 335-344.

Sedmera D, Kucera P, Raddatz E (2002) Developmental changes in cardiac recovery from anoxia-reoxygenation. *Am J Physiol Regul Integr Comp Physiol* 283(2): R379-388.

Seharaseyon J, Ohler A, Sasaki N, Fraser H, Sato T, Johns DC, O'Rourke B, Marban E (2000) Molecular composition of mitochondrial ATP-sensitive potassium channels probed by viral Kir gene transfer. *J Mol Cell Cardiol* 32(11): 1923-1930.

Servais S. 2004. Altérations mitochondriales et stress oxydant pulmonaire en réponse à l'ozone: effets de l'âge et d'une supplémentation en oméga-3: Thèse; Université Claude Bernard.

Serviddio G, Di Venosa N, Federici A, D'Agostino D, Rollo T, Prigigallo F, Altomare E, Fiore T, Vendemiale G (2005) Brief hypoxia before normoxic reperfusion (postconditioning) protects the heart against ischemia-reperfusion injury by preventing mitochondria peroxyde production and glutathione depletion. *Faseb J* 19(3): 354-361.

Seubert J, Yang B, Bradbury JA, Graves J, Degraff LM, Gabel S, Gooch R, Foley J, Newman J, Mao L, Rockman HA, Hammock BD, Murphy E, Zeldin DC (2004) Enhanced postischemic functional recovery in CYP2J2 transgenic hearts involves mitochondrial ATP-sensitive K+ channels and p42/p44 MAPK pathway. *Circ Res* 95(5): 506-514.

Shiono N, Rao V, Weisel RD, Kawasaki M, Li RK, Mickle DA, Fedak PW, Tumiati LC, Ko L, Verma S (2002) L-arginine protects human heart cells from low-volume anoxia and reoxygenation. *Am J Physiol Heart Circ Physiol* 282(3): H805-815.

Shite J, Qin F, Mao W, Kawai H, Stevens SY, Liang C (2001) Antioxidant vitamins attenuate oxidative stress and cardiac dysfunction in tachycardia-induced cardiomyopathy. *J Am Coll Cardiol* 38(6): 1734-1740.

Singh H, Hudman D, Lawrence CL, Rainbow RD, Lodwick D, Norman RI (2003) Distribution of Kir6.0 and SUR2 ATP-sensitive potassium channel subunits in isolated ventricular myocytes. *J Mol Cell Cardiol* 35(5): 445-459.

Snabaitis AK, Hearse DJ, Avkiran M (2002) Regulation of sarcolemmal Na(+)/H(+) exchange by hydrogen peroxide in adult rat ventricular myocytes. *Cardiovasc Res* 53(2): 470-480.

Sordahl LA, Crow CA, Kraft GH, Schwartz A (1972) Some ultrastructural and biochemical aspects of heart mitochondria associated with development: fetal and cardiomyopathic tissue. *J Mol Cell Cardiol* 4(1): 1-10.

Souchard J-P, Arnal JF, Rochette L (2002). Les radicaux libres et le stress oxydatif radicalaire. Techniques permettant la mise en évidence d'un stress oxydatif en biologie. In: *Biologie et Pathologie du Coeur et des Vaisseaux* Flammarion 245-257.

Staniek K, Nohl H (2000) Are mitochondria a permanent source of reactive oxygen species? *Biochim Biophys Acta* 1460(2-3): 268-275.

Stieber J, Herrmann S, Feil S, Loster J, Feil R, Biel M, Hofmann F, Ludwig A (2003) The hyperpolarization-activated channel HCN4 is required for the generation of pacemaker action potentials in the embryonic heart. *Proc Natl Acad Sci U S A* 100(25): 15235-15240.

Sugiyama T, Miyazaki H, Saito K, Shimada H, Miyamoto K (1996) Chick embryos as an alternative experimental animal for cardiovascular investigations: stable recording of electrocardiogram of chick embryos in ovo on the 16th day of incubation. *Toxicol Appl Pharmacol* 138(2): 262-267.

Sun C, Sellers KW, Sumners C, Raizada MK (2005) NAD(P)H oxidase inhibition attenuates neuronal chronotropic actions of angiotensin II. *Circ Res* 96(6): 659-666.

Suzuki M, Kotake K, Fujikura K, Inagaki N, Suzuki T, Gonoi T, Seino S, Takata K (1997) Kir6.1: a possible subunit of ATP-sensitive K+ channels in mitochondria. *Biochem Biophys Res Commun* 241(3): 693-697.

Suzuki M, Saito T, Sato T, Tamagawa M, Miki T, Seino S, Nakaya H (2003) Cardioprotective effect of diazoxide is mediated by activation of sarcolemmal but not mitochondrial ATP-sensitive potassium channels in mice. *Circulation* 107(5): 682-685.

Suzuki S, Kaneko M, Chapman DC, Dhalla NS (1991) Alterations in cardiac contractile proteins due to oxygen free radicals. *Biochim Biophys Acta* 1074(1): 95-100.

Tang XL, Takano H, Rizvi A, Turrens JF, Qiu Y, Wu WJ, Zhang Q, Bolli R (2002) Oxidant species trigger late preconditioning against myocardial stunning in conscious rabbits. *Am J Physiol Heart Circ Physiol* 282(1): H281-291.

Tarasov A, Dusonchet J, Ashcroft F (2004) Metabolic regulation of the pancreatic beta-cell ATP-sensitive K+ channel: a pas de deux. *Diabetes* 53 Suppl 3: S113-122.

Tazawa H, Hou P (1997). Avian cardiovascular development. In: *Development of Cardiovascular Systems- Molecules to Organisms* Burggren WW, Keller B (Cambridge University Press): p. 193-210.

Temsah RM, Netticadan T, Chapman D, Takeda S, Mochizuki S, Dhalla NS (1999) Alterations in sarcoplasmic reticulum function and gene expression in ischemic-reperfused rat heart. *Am J Physiol* 277(2 Pt 2): H584-594.

Tenthorey D, de Ribaupierre Y, Kucera P, Raddatz E (1998) Effects of verapamil and ryanodine on activity of the embryonic chick heart during anoxia and reoxygenation. *J Cardiovasc Pharmacol* 31(2): 195-202.

Terrand J, Felley-Bosco E, Courjault-Gautier F, Rochat AC, Kucera P, Raddatz E (2003) Postanoxic functional recovery of the developing heart is slightly altered by endogenous or exogenous nitric oxide. *Mol Cell Biochem* 252(1-2): 53-63.

Tohse N, Yokoshiki H, Sperelakis N (1998). Developmental Changes in Ion Channels. In: *Cell Physiology Source Book, Second Edition,* ed. Sperelakis N (Academic Press): p. 518-531.

Tran L, Kucera P, de Ribaupierre Y, Rochat AC, Raddatz E (1996) Glucose is arrhythmogenic in the anoxic-reoxygenated embryonic chick heart. *Pediatr Res* 39(5): 766-773.

Tsang A, Hausenloy DJ, Mocanu MM, Yellon DM (2004) Postconditioning: a form of "modified reperfusion" protects the myocardium by activating the phosphatidylinositol 3-kinase-Akt pathway. *Circ Res* 95(3): 230-232.

Tsuchida A, Miura T, Tanno M, Sakamoto J, Miki T, Kuno A, Matsumoto T, Ohnuma Y, Ichikawa Y, Shimamoto K (2002) Infarct size limitation by nicorandil: roles of mitochondrial K(ATP) channels, sarcolemmal K(ATP) channels, and protein kinase C. *J Am Coll Cardiol* 40(8): 1523-1530.

Turrens JF, Boveris A (1980) Generation of superoxide anion by the NADH dehydrogenase of bovine heart mitochondria. *Biochem J* 191(2): 421-427.

Uchiyama Y, Otani H, Wakeno M, Okada T, Uchiyama T, Sumida T, Kido M, Imamura H, Nakao S, Shingu K (2003) Role of mitochondrial KATP channels and protein kinase C in ischaemic preconditioning. *Clin Exp Pharmacol Physiol* 30(5-6): 426-436.

van Oosterhout MF, Arts T, Muijtjens AM, Reneman RS, Prinzen FW (2001) Remodeling by ventricular pacing in hypertrophying dog hearts. *Cardiovasc Res* 49(4): 771-778.

Vanagt WY, Cornelussen RN, Van Hunnik A, Delhaas T, Prinzen FW (2005) Ventricular pacing at physiological heart rate preconditions rabbit myocardium. *J Mol Cell Cardiol* 38(6: 1079 (Abstract 223)).

Vanden Hoek T, Becker LB, Shao ZH, Li CQ, Schumacker PT (2000) Preconditioning in cardiomyocytes protects by attenuating oxidant stress at reperfusion. *Circ Res* 86(5): 541-548.

Veenstra RD (1991) Developmental changes in regulation of embryonic chick heart gap junctions. *J Membr Biol* 119(3): 253-265.

Vereckei A, Gogelein H, Wirth KJ, Zipes DP (2004) Effect of the cardioselective, sarcolemmal K(ATP) channel blocker HMR 1098 on atrial electrical remodeling during pacing-induced atrial fibrillation in dogs. *Cardiovasc Drugs Ther* 18(1): 23-30.

Wakahara N, Katoh H, Yaguchi Y, Uehara A, Satoh H, Terada H, Fujise Y, Hayashi H (2004) Difference in the cardioprotective mechanisms between ischemic preconditioning and pharmacological preconditioning by diazoxide in rat hearts. *Circ J* 68(2): 156-162.

Wakeno-Takahashi M, Otani H, Nakao S, Uchiyama Y, Imamura H, Shingu K (2004) Adenosine and a nitric oxide donor enhances cardioprotection by preconditioning with isoflurane through mitochondrial adenosine triphosphate-sensitive K+ channel-dependent and -independent mechanisms. *Anesthesiology* 100(3): 515-524.

Wang N, Minatoguchi S, Chen XH, Arai M, Uno Y, Lu C, Misao Y, Nagai H, Takemura G, Fujiwara H (2004a) Benidipine reduces myocardial infarct size involving reduction of hydroxyl radicals and production of protein kinase C-dependent nitric oxide in rabbits. *J Cardiovasc Pharmacol* 43(6): 747-757.

Wang Y, Ahmad N, Kudo M, Ashraf M (2004b) Contribution of Akt and endothelial nitric oxide synthase to diazoxide-induced late preconditioning. *Am J Physiol Heart Circ Physiol* 287(3): H1125-1131.

Warshaw JB (1972) Cellular energy metabolism during fetal development. IV. Fatty acid activation, acyl transfer and fatty acid oxidation during development of the chick and rat. *Dev Biol* 28(4): 537-544.

Weber NC, Toma O, Wolter JI, Obal D, Mullenheim J, Preckel B, Schlack W (2005) The noble gas xenon induces pharmacological preconditioning in the rat heart in vivo via induction of PKC-epsilon and p38 MAPK. *Br J Pharmacol* 144(1): 123-132.

Welin AK, Blad S, Hagberg H, Rosen KG, Kjellmer I, Mallard C (2005) Electrocardiographic changes following umbilical cord occlusion in the midgestation fetal sheep. *Acta Obstet Gynecol Scand* 84(2): 122-128.

Wiens D, Jensen L, Jasper J, Becker J (1995) Developmental expression of connexins in the chick embryo myocardium and other tissues. *Anat Rec* 241(4): 541-553.

Wolin MS, Ahmad M, Gupte SA (2005) The sources of oxidative stress in the vessel wall. *Kidney Int* 67(5): 1659-1661.

Xu Z, Cohen MV, Downey JM, Vanden Hoek TL, Yao Z (2001) Attenuation of oxidant stress during reoxygenation by AMP 579 in cardiomyocytes. *Am J Physiol Heart Circ Physiol* 281(6): H2585-2589.

Xu Z, Ji X, Boysen PG (2004) Exogenous nitric oxide generates ROS and induces cardioprotection: involvement of PKG, mitochondrial KATP channels, and ERK. *Am J Physiol Heart Circ Physiol* 286(4): H1433-1440.

Yamada C, Xue Y, Chino D, Hashimoto K (2005) Effects of KB-R9032, a new Na(+)/H(+) Exchange Inhibitor, on Canine Coronary Occlusion/Reperfusion-Induced Ventricular Arrhythmias. *J Pharmacol Sci* 98(4): 404-410.

Yao Z, McPherson BC, Liu H, Shao Z, Li C, Qin Y, Vanden Hoek TL, Becker LB, Schumacker PT (2001) Signal transduction of flumazenil-induced preconditioning in myocytes. *Am J Physiol Heart Circ Physiol* 280(3): H1249-1255.

Yao Z, Tong J, Tan X, Li C, Shao Z, Kim WC, vanden Hoek TL, Becker LB, Head CA, Schumacker PT (1999) Role of reactive oxygen species in acetylcholine-induced preconditioning in cardiomyocytes. *Am J Physiol* 277(6 Pt 2): H2504-2509.

Yarov-Yarovoy V, Paucek P, Jaburek M, Garlid KD (1997) The nucleotide regulatory sites on the mitochondrial KATP channel face the cytosol. *Biochim Biophys Acta* 1321(2): 128-136.

Yue TL, Gu JL, Wang C, Reith AD, Lee JC, Mirabile RC, Kreutz R, Wang Y, Maleeff B, Parsons AA, Ohlstein EH (2000) Extracellular signal-regulated kinase plays an essential role in hypertrophic agonists, endothelin-1 and phenylephrine-induced cardiomyocyte hypertrophy. *J Biol Chem* 275(48): 37895-37901.

Yue Y, Qin Q, Cohen M, Downey J, Critz S (2002) The relative order of mK(ATP) channels, free radicals and p38 MAPK in preconditioning's protective pathway in rat heart. *Cardiovasc Res* 55(3): 681.

Zaugg M, Schaub MC (2003) Signaling and cellular mechanisms in cardiac protection by ischemic and pharmacological preconditioning. *J Muscle Res Cell Motil* 24(2-3): 219-249.

Zhang DX, Chen YF, Campbell WB, Zou AP, Gross GJ, Li PL (2001) Characteristics and superoxide-induced activation of reconstituted myocardial mitochondrial ATP-sensitive potassium channels. *Circ Res* 89(12): 1177-1183.

Zhang HY, McPherson BC, Liu H, Baman T, McPherson SS, Rock P, Yao Z (2002) Role of nitric-oxide synthase, free radicals, and protein kinase C delta in opioid-induced cardioprotection. *J Pharmacol Exp Ther* 301(3): 1012-1019.

Zhang Y, Marcillat O, Giulivi C, Ernster L, Davies KJ (1990) The oxidative inactivation of mitochondrial electron transport chain components and ATPase. *J Biol Chem* 265(27): 16330-16336.

Zhou M, Tanaka O, Sekiguchi M, Sakabe K, Anzai M, Izumida I, Inoue T, Kawahara K, Abe H (1999) Localization of the ATP-sensitive potassium channel subunit (Kir6. 1/uK(ATP)-1) in rat brain. *Brain Res Mol Brain Res* 74(1-2): 15-25.

Zhuo ML, Huang Y, Liu DP, Liang CC (2005) KATP channel: relation with cell metabolism and role in the cardiovascular system. *Int J Biochem Cell Biol* 37(4): 751-764.

Zierler KL (1976) Fatty acids as substrates for heart and skeletal muscle. *Circ Res* 38(6): 459-463.

ANNEXES

Le travail présenté dans cette thèse a donné lieu aux articles et communications suivants:

Articles
Sarre A, Lange N, Kucera P, Raddatz E. (**2005**) MitoK$_{ATP}$ channel activation in the postanoxic developing heart protects E-C coupling via NO-, ROS-, and PKC-dependent pathways. *Am J Physiol Heart Circ Physiol. 288(4):H1611-1619.*

Maury P, **Sarre A**, Terrand J, Rosa A, Kucera P, Kappenberger L, Raddatz E. (**2004**) Ventricular but not atrial electro-mechanical delay of the embryonic heart is altered by anoxia-reoxygenation and improved by nitric oxide. *Mol Cell Biochem. 265(1-2):141-149.*

Article associé
Sedmera D, Reckova M, deAlmeida A, Sedmerova M, Biermann M, Volejnik J, **Sarre A**, Raddatz E, McCarthy RA, Gourdie RG, Thompson RP. (**2003**) Functional and morphological evidence for a ventricular conduction system in zebrafish and Xenopus hearts. *Am J Physiol Heart Circ Physiol. 284(4):H1152-60.*

Communications orales
22-23/04/2004
- **21ème Congrés "Biologie et Pathologie du cœur et des vaisseaux", Groupe de Réflexion sur la Recherche Cardiovasculaire, La Baule, France.**
"Opening the mitoK$_{ATP}$ channel selectively protects conduction and excitation-contraction coupling via ROS signaling in the anoxic-reoxygenated developing heart."

21-24/07/2003
- **Heart Failure 2003, International Society for Heart Research/European Society of Cardiology, Strasbourg, France.**
"The mitochondrial K$_{ATP}$ channel is not involved in the oxidative burst induced by anoxia-reoxygenation in the embryonic heart."

Communications affichées
14-15/10/2005
11th Cardiovascular Biology and Clinical Implications Meeting, Novartis, Thun, Suisse.
Sarre A., Gardier S., Thomas A.C. and Raddatz E.
"MitoK$_{ATP}$ channel opening differentially modulates JNK, ERK and p38 MAPK activation in the developing heart submitted to anoxia-reoxygenation"

22/24/06/2005
EUROPACE 2005 meeting, Prague, République Tchèque.
Sarre A., Maury P., Kappenberger L. and Raddatz E.
"Electrocardiographic characterization of the embryonic heart subjected to anoxia-reoxygenation: an in vitro model"

19-22/06/2005
ISHR 25th Meeting, Tromso, Norvège.
Raddatz E., Maury P., Kucera P., Kappenberger L. and **Sarre A**.
"Characterization of arrhythmias in the developing heart subjected to anoxia-reoxygenation."

20-22/04/2005
22ème Congrès Biologie et Pathologie du cœur et des vaisseaux, Groupe de Réflexion sur la Recherche Cardiovasculaire, Strasbourg, France.
Sarre A., Maury P., Kucera P., Kappenberger L. and Raddatz E.
"Characterization of arrhythmias in the developing heart subjected to anoxia-reoxygenation."

20-25/08/04
ISHR international, Brisbane, Australia.
Sarre A. and Raddatz E.
"Mitochondrial K$_{ATP}$ channel activation protects conduction and E-C coupling via ROS signaling and PKC in the anoxic-reoxygenated developing heart".

22-23/04/2004
21ème Congres "Biologie et Pathologie du cœur et des vaisseaux", Groupe de Réflexion sur la Recherche Cardiovasculaire, La Baule, France.
Sarre A. and Raddatz E.
"Opening the mitoKATP channel selectively protects conduction and excitation-contraction coupling via ROS signaling in the anoxic-reoxygenated developing heart."

7-10/03/2004
Annual Scientific Session 2004. American College of Cardiology, New Orleans, Louisiana, USA.
Sarre A., Lange N., Kucera P. and Raddatz E.
"Opening of the mitochondrial KATP channel improves recovery of conduction and excitation-contraction coupling in the developing heart."

23-25/10/2003
9th Cardiovascular Biology and Clinical Implications Meeting, Novartis, Interlaken, Suisse.
Sarre A., Gabioud H., Lange N. and Raddatz E.
"The mitochondrial KATP channel opener, diazoxide, enhances oxidative stress at reoxygenation and improves recovery of the developing heart."

21-24/07/2003
Heart Failure 2003, International Society for Heart Research/European Society of Cardiology, Strasbourg, France.
Sarre A., Gabioud H., Lange N. and Raddatz E.
"The mitochondrial K_{ATP} channel is not involved in the oxidative burst induced by anoxia-reoxygenation in the embryonic heart."

15-16/04/2003
20ème Congrès "Biologie et Pathologie du cœur et des vaisseaux", Groupe de Réflexion sur la Recherche Cardiovasculaire, Grenoble, France.
Sarre A., Gabioud H., Lange N. and Raddatz E.
"Opening the mitochondrial K_{ATP} channel in the embryonic heart is pro-oxidant during reoxygenation but not under normoxia."

Oui, je veux morebooks!

i want morebooks!

Buy your books fast and straightforward online - at one of world's fastest growing online book stores! Environmentally sound due to Print-on-Demand technologies.

Buy your books online at
www.get-morebooks.com

Achetez vos livres en ligne, vite et bien, sur l'une des librairies en ligne les plus performantes au monde!
En protégeant nos ressources et notre environnement grâce à l'impression à la demande.

La librairie en ligne pour acheter plus vite
www.morebooks.fr

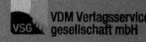 VDM Verlagsservicegesellschaft mbH
Heinrich-Böcking-Str. 6-8　　Telefon: +49 681 3720 174　　info@vdm-vsg.de
D - 66121 Saarbrücken　　　Telefax: +49 681 3720 1749　　www.vdm-vsg.de

Printed by Books on Demand GmbH, Norderstedt / Germany